立刻行动

让自己优秀的习惯

[日] 有川真由美　著
李晓瑛　译

中国轻工业出版社

图书在版编目（CIP）数据

立刻行动：让自己优秀的习惯 /（日）有川真由美著；李晓瑛译. —北京：中国轻工业出版社，2021.10

ISBN 978-7-5184-3623-1

Ⅰ. ①立… Ⅱ. ①有… ②李… Ⅲ. ①成功心理–通俗读物 Ⅳ. ①B848.4–49

中国版本图书馆 CIP 数据核字（2021）第 163175 号

责任编辑：郭挚英　　责任终审：劳国强　　整体设计：锋尚设计
策划编辑：郭挚英　　责任校对：宋绿叶　　责任监印：张京华

出版发行：中国轻工业出版社（北京东长安街6号，邮编：100740）
印　　刷：艺堂印刷（天津）有限公司
经　　销：各地新华书店
版　　次：2021年10月第1版第1次印刷
开　　本：710 × 1000　1/32　印张：5.5
字　　数：75千字
书　　号：ISBN 978-7-5184-3623-1　定价：42.80元
邮购电话：010–65241695
发行电话：010–85119835　传真：85113293
网　　址：http://www.chlip.com.cn
Email：club@chlip.com.cn
如发现图书残缺请与我社邮购联系调换
201599Y1X101ZYW

做想做的事，

是人生最幸福的事。

前言

我们终其一生都在寻找的途中。

尤其在当下，全世界都笼罩在新型冠状病毒的阴霾中，很多人因为这场疫情开始对生活有了新的思考："今后该怎么生活才好？"

即使对人生已经做好了规划，我们对未来还是无从所知，甚至还可能会面临失去生命的危险。加之，整个社会的局面在不断发生变化……当置身于危机和动荡不安中，我们不得不思考，对自己来说最重要的事情是什么。

此刻正阅读本书的你，可能已经找到了自己想做的事，准备向前迈进，也可能你正在犹豫要不要往前迈出一步，又或者你还没有寻找到前进的方向。

不管是什么样的你，只要抱着"立刻行动"的信念，现在就行动起来，你未来的人生将变得光辉灿烂。这正是我在这本书中想表达的宗旨。

人生从来没有固定的路线。

没有谁的人生会一路顺遂、一路成功、一路幸福。

只有明确心之所想、力之所及，才能得到你想要的东西。

秉持“立刻行动”的信念，马上行动，会让你变得幸福起来。人生就要忠于自己的内心，不随波逐流，通过一次又一次自我价值的实现，收获喜悦和自我认可，更加明白活着的意义。

如果你想不枉此生，那我希望你不要到最后才后悔地说：“要是做了就好了”“如果尝试着去实现梦想就好了”。人生何其短，如果连想做的事都不能立刻行动起来，那岂不是在浪费生命！

读了这本书，你会对想做的事、想珍惜对待的东西，逐渐清晰起来。然后，立刻行动。

你可以亲身验证，只要对想做的事立刻付诸行动，目标自然就会实现。

我敢保证，你所迈出的每一步，都会让你的未来变得明朗，你自己也会变得豁然开朗。

有川真由美

2020年11月

目录

第1章 实现“想做的事情”

01 想做的事为什么会一拖再拖？…002

02 一旦“感情”“思考”“行动”三者合一，将会形成巨大的力量！…006

03 为了松开“心灵刹车”，把注意力转向别处…009

04 不去在意他人的眼光，做自己想做的事…014

05 为了真正的稳定更要持续行动…017

06 松开“心灵的刹车”，先试试看…021

第2章 “做想做的事”是人生最重要的课题

01 比幸福更重要的是做想做的事…027

02 做想做的事，会收获很多“快感”…030

03 要经历很多次失败和不如意才好…035

04 想做的事，最好“立刻行动”…039

05 “好奇心”是人生充满能量的源泉…043

06 从“能做的事”当中发现“想做的事”，将其作为工作…047

第3章 你有能力去实现“想做的事”

01 有“想做的事”就要有“实现的能力”…053

02 保持乐观，学会把事情具象化…057

03 从最重要的事入手…061

04 先承认“我是平凡的人”…066

05 比“坚持”更重要的是，先确定“坚持做什么”…069

第4章 迈出第一步，你行的

01 从小事开始，先做5分钟，迈出第一步…074

02 行动的原因可以是积极，也可以是消极的…077

03 为了“想做的事”也要做“不想做的事”…081

04 当你在“做”与“不做”之间犹豫时，
应该选择“做”…085
05 学会整理…088
06 为了能持续做想做的事，要保证休息…092

第 5 章 不要把时间花在“不重要的事”上

01 大多数你认为应该做的事其实并不重要…096
02 对讨厌的事说“No”，学会拒绝…099
03 关注自己，不要总想着和别人比较…103
04 换个视角看待无法控制的事…106
05 经常重新审视目标…110
06 转换视角，偶然试着抽离现在的位置…113

第 6 章 做你想做的事，会有奇迹发生

01 能创造奇迹的人，是把时间花在
重要事情上的人…118
02 能创造奇迹的人，也是相信奇迹的人…121
03 能创造出奇迹的人，都是心潮澎湃

能看得见方向的人…125

04 能创造奇迹的人，都是在行动的人…129

05 能创造奇迹的人，不会找借口…132

06 能创造奇迹的人，即使跌倒也能重新站起来…137

07 能创造奇迹的人，懂得珍惜重要的人…141

第 7 章 成为想成为的自己

01 现在的你是“曾经想成为的自己”…148

02 做一个能立刻做出选择的人…152

03 “优先顺序”会随着年龄增长而改变…155

04 “优先顺序”会改变，灵活选择…159

05 人生的满意度，取决于是否有
“应该优先做的重要事情”…162

第1章

实现“想做的事情”

01

想做的事为什么会一拖再拖？

你是不是也是这样的人呢？

事实上，自己有想做的事。

其实也知道应该付诸行动。

很清楚，如果继续这样浑浑噩噩地生活下去，理想终究是理想，未来不会发生任何改变。

即使这些道理都明白，但今天还是像往常一样没有任何改变，日子就这样日复一日地过去了。

磨磨蹭蹭，总是无法下定决心。

或许你想考取职称，想跑步，想和家人一起欢度时光，想旅行看看大千世界。想做的事有很多，却每天被各种各样的日常琐事弄得焦头烂额，怎么也抽不出时间。

最终变得拖泥带水，随波逐流。

好不容易下定决心，今天要动起来做某件事。一开始信心满满，但想着想着，渐渐又觉得很麻烦，不再有一开始那种强烈的愿望了。于是，又给自己找个看起来还算合理的借口，“要不明天再说吧”。

就这样，不知不觉中就把原本想做的事拖延了。

“虽然脑子里想着要做的事，但我就是没心思干”“就是不想动”，几乎每个人都会有这样的想法。

然后会理所当然地把自己无法付诸行动的原因归咎于意志力：“哎呀，都是因为我意志力太薄弱”。

其实，你行动不起来，并不是因为意志薄弱。

那是因为“感受着的情感（感情）”“顾虑着的想法（思考）”“正在做的事情（行动）”这三者没有达成统一。

我们知道，小孩子会毫不犹豫地去探索他感兴趣的东西。

伸手去摸觉得好奇的东西，沉醉于喜欢的绘本和玩具，对喜欢的人可劲地笑呀，围着喜欢的人跑来跑去，哭啊闹啊，乐此不疲。

累了就睡，满血复活后又开始继续折腾。

孩子们会这样，是因为还没有形成完整的思考意识，他们主要凭情感而行动。因为，“感情”“思考”“行动”在一个频率上，所以孩子们会直接地、随心所欲地行动。

随着不断成长，我们获得了思考的能力。随着生活阅历的增加，我们逐渐开始适应周围的人和事。在做事的时候，我们就会思考很多，顾虑重重。这就是为什么我们会一再拖延，没有行动，最后放弃了自己心之所想的事。

心里想着“动起来”，打算迈出实践的第一步。但感情上又会产生其他的情绪，觉得“太讨厌了”“好恐怖啊”“好麻烦”，这时候情感给行动踩上了刹车。

这时，你会开始鼓励迟迟没有行动的自己，“意志力太薄弱了”“有志者，事竟成”，然而情感上也没有发生什么变化。

“我怎么这么没用……”于是，陷入了这样的自责，在这样的恶性循环中，你可能会彻底丧失自信。

总之，推动我们朝着自己理想的方向去行动、感受幸福、体会成长的核心是喜怒哀乐等我们最原始的感情。

这些“感情”不管是好的还是坏的，都蕴含着巨大的力量。

伟大的发明，世界的文化、经济、政治，都是由某种特殊的感情所推动的。同理，我们的很多烦恼也是因为被消极情绪左右而引起的。

为了使“感情”的力量成为我们的盟友，我们需要“思考”和“行动”的支持。让“思考”和“行动”形成一股积极的力量，那么“感情”也会变得积极向上，这样才能知行合一。

所以，在心里犹豫不决的时候，不要对这种退缩的情绪进行否定，也不要忽略这种情绪。先承认自己的这种心理，“就知道会这样”，再思考“接下来该怎么做”。

“感情”“思考”“行动”达成一致，实现知行合一，从量变发生质变，事情就会朝着我们期待的方向发展。

在第1章中，我将介绍如何做到知行合一。

02

一旦“感情”“思考”“行动”三者合一，将会形成巨大的力量！

我们天生具备将人生活出别样精彩的能力。

那就是“感情”“思考”“行动”这三种能力。

如果我们把“好心情（感情）”“理解（思考）”“实践（行动）”这三种能力结合起来，会发现自己拥有无限潜能，有能力得到自己真正想要的东西。

我们常常会把“感情”“思考”“行动”这三种能力放在一起去考虑问题，实际上，这三者之间是相互独立存在的。

这就是为什么会出现以下这几种情况。

“不知道为什么（思考），就是提不起干劲（感情），一直懒懒散散、无所事事（行动）”。

“一开始满怀期待、信心满满（感情），但考虑再三

（思考），莫名地变得不安（感情），就无法向前迈出一步了（行动）”。

“被委托的事情也有尝试去做（行动），但是不能令人心服（思考），于是变得很焦虑（感情）”。

如上所述。因为“感情”“思考”“行动”这三者是割裂的，所以没办法顺利开展行动。

我们试着把“感情”当作马、“思考”当作车夫、“行动”当作马车，用这样的方式来思考看看。在此我稍做了一下整理。如下：

- “感情”（马）：无意识间涌现出的喜怒哀乐、情绪等相关的能力。
- “思考”（车夫）：慎重且有意识的思考能力。
- “行动”（马车）：对想做的事能付诸行动的能力。

“感情”这匹马，在它高兴的时候，整个状态和心情会变得积极向前，但同时，它也有消极恐怖的一面。当它发觉似乎要遇到危险的时候，就会突然刹车，甚至失去理智。

感情，一方面会觉察危险，另一方面也会产生“误解”。

本来是一个微乎其微的小事，你却把它当作洪水猛兽。只看到眼前的漫漫长路、道路险峻，就产生了“好烦呀”“好恐怖”“太辛苦了”这样消极抗拒的情绪。

这时候，应该有一个贤明的车夫登场。

“不要不要，这不是什么可怕的地方呀”“做的话，肯定没问题的”“如果能达到目的地，那里肯定很美好”，马车夫边说边柔和地牵引着缰绳。

“不管怎么样，先试着动起来，怎么样？”一旦开始动起来，马的情绪也会跟着变化。不知不觉中，就忘记了不安的情绪，说不定还会快活地奔跑起来。

在日常生活中，我们常常也扮演着一个贤明车夫的角色。

虽然会有“今天下雨，心情很低落，不想去上班”的想法，但转念又想到“午餐有想去一探究竟的店”这样开心的事，就会想“不管怎么说，还是做好准备去公司吧”，就会行动起来，很快进入工作模式。

或者，“虽然对自己能否胜任一份新的工作表示不安，但一想到能得到周围人的支持，就变得轻松起来”“抱着暂且试一试的心情去做了，却出乎意料地顺利”。

充分利用“思考”和“行动”的力量，“感情”的力量也会随之增强，如此就能顺利地开展行动了。

03

为了松开“心灵刹车”，把注意力转向别处

即使面对想做的事，也会有“迈不出第一步”“没精力去做”“马上放弃”的想法，是因为在心理上受到了阻碍。

所谓“心灵刹车”，是人类在察觉到危险或者接近心理极限时的感官传感器。它能帮助我们做出明智的判断，比如“先搁置一下为好，等时机成熟点再做”或者

“稍等，这个人的言行有点可疑”等在正常工作中遇到的情况。

如前文所提及的一样，人的感官传感器也会经常发生故障。

话说回来，人本来就容易把注意力转向消极的事情。

即使有想做的事，也会被“一定不会顺利”“可能会让大家失望”“不知为何就觉得很难”这些消极的情绪影响，从而踩下心灵刹车。

那么，怎么做才能松开心灵刹车呢？

第一点就是要注意导致踩下心灵刹车的消极情绪，并采取必要行动。

“虽然有想做的事，但太难了……”这时踩下刹车，其实是内心深处有“不想做”的想法。

人在接收到负面信息的瞬间，就会萌生“不想做”的想法。即刻就能在5秒内想出一大堆这样那样“难以实现的理由”。

也就是说，人的心理存在“想做”并向前推进和“不想做”并保持现状的两种力量，两者可以同时踩油门和刹车。

如果你把注意力转向“不想做”的想法，就会想到“之前都失败了”“朋友劝我放弃”“现在这样不也挺好的么”，开始收集支持刹车、放弃的信息。

这时，不管面对什么样的信息，你都会对其进行消极的解释。

“因为经历了失败，才学到正确的方法”“正因为朋友的忠告，才知道应该注意的地方”“虽然这样下去也可以，但是只要再迈出一步就会变得更好”，等等。面对同样的事情，其实我们完全可以进行积极的解释。即使在过程中遇到什么困难，也不会轻易改变主意。

某大学做了一次运气测试：“认为自己运气好的人”和“认为自己运气不好的人”，哪一方更容易中奖。

你觉得实验结果会是什么样的呢?

结果就是：中奖的概率都一样。

发生好事和坏事的“运气”概率是一样的，只是因为人们的着眼点不同，从而有了不同的解释。

其实，运气（机会）也取决于你是否能察觉到它，如何采取行动，你平时怎么做，运气也会随之发生变化。

人们会下意识只看到自己想看的东西。

有人因为失恋受了创伤，觉得“再也不会谈恋爱了”，从此变得胆小。也有人因为失恋而获得成长，认为“下次一定会遇到更好的恋情”，从此释然向前。

有人因为“没钱”“没时间”而放弃想做的事。也有人尽其所能，认为“即使没钱没时间，但也有很多事是可以做的”。

我们在生活中遭遇的事、获取的信息本身是没有好坏的，只是我们在戴着有色眼镜去看待。

即使遇到了消极的事，事情本身并没有支配我们的力量。

其实我们是在被感情所支配，如果你明白这一点，就一定会从焦虑不安中解脱出来。

不要只是脑子里天花乱坠地想着“要变得积极点”，也没必要为了鼓起干劲就对自己说“做的话肯定行！”

先把恐惧的情绪放置一边，“不是也有行得通的方法吗？”抱着这种想法，直面现实，心灵刹车就会慢慢松开。

当你意识到自己被“做不到”“做不好”这些想当然的消极情绪所控制时，试着往“没有做不到的事”“有时候也能做好呀”的方向，重新想一想。

这样的话，你就会朝着“能做的理由”“能做的方法”全力思考。当你选择“我可以”这个方向的时候，可能会想，“不管怎么说都已经做到这种程度了，接下来也不会有什么大问题的”“周围的人会支持和帮助我的”，等等，会收集支持自己想法的那些信息。

就算不能马上做出回答，也不要把注意力从“能做到”的想法上转移开，试着继续思考，你会发现前景广阔，很快就会付诸行动。

有时，你会在行动的过程中变得确信，“你看，这不是可以做到嘛”。

这意味着“感情”“思考”“行动”这三点达成了一致。

心灵刹车取决于“把注意力着眼于哪方面”的思维习惯，所以你不可能马上就能全部松开。一点一点地松开，在此过程中你收获的一些启发能让你变得自信。

04

不去在意他人的眼光，做自己想做的事

自己有想做的事，却因为在意“他人的眼光”而踩下刹车的情况也很多。

人或多或少都会有“想要被他人认可”的心理，如果过于在意他人的眼光，只想着“不想被讨厌”“不想让别人失望”“不想被认为是‘废柴’”，无论做什么事都会变得畏畏缩缩。

如果一味地迎合他人，就会变得连自己想做什么都不知道了。

我也是这样的人，不论在20多岁，还是30多岁，即使是现在，也很在意他人的眼光，这样就很容易被他人所左右。

你也有对自己失去信心的时候吧？

虽然在大家都很认可的公司里从事综合事务工作，但因为太无聊、太痛苦，只干了半年就辞职了。在之后的再就业过程中，每次都会被说“因为这点小事就辞职”“在哪工作都是一样的，应该再忍耐一下的”，工作机会也变得很少。

每逢我跳槽到新的职场这样一个“群体社会”时，就会想，“如果我这么做了，大家会怎么看我”“如果我这样说的话，被否定了怎么办”，总想着不要当“出头鸟”，硬是把自己压制得做事越来越畏畏缩缩。

即使有想挑战的事，比起“害怕失败”，反而更担心“别人认为我是失败者”，便会就此打消做事的念头。这已经到了相当严重的地步了。

快要40岁的时候，我突然想明白了。

“时光一去不复返，不要留下遗憾，去做自己想做的事吧！”

我宣言：“我要去东京当作家！”周围的人都对我说“事到如今才想着要行动？”“差不多你也该稳重点了！”但我没有在乎他们的看法。我只是觉得“想做的事现在必须做！”正因为被这样的信念推动着，才一直向前。

内心充满了勇气、希望等充满光明的东西。

明明是属于自己的人生，仅有一次的人生，如果自己都不曾尝试，让时间白白流逝，那才是真正的痛苦啊！

现在回头看，当时能这样做真是太好了。不只是因为明确了出书的想法，而且在书出版之前，这期间无论是穷困还是辛苦，自始至终我一次都没想过要放弃。

不论哪段经历，想到都是在做自己想做的事，我都会感到满足和充实。这也是我一直为之骄傲的事情。

还有一点让我深有感悟的是，事实上什么都无法阻挡你去做自己想做的事，只是你自己太在意别人的眼光而已。

就像吃螃蟹，有人说它“好”，也有人说它“不好”。肯定不可能所有人都说“好”。

比起别人怎么看待你，更重要的是去做自己想做的、获得自己想要的，这样才能体会到生活的意义。

没有人会比你更认真地为自己考虑，希望自己幸福。如果能得到自我满足、实现自我认可，不是很好吗？

牺牲自我，一味地去迎合他人，谁都不会得到幸福。

当我们在做自己想做的事，并且能帮助到他人的时候，这才是真正意义上为他人的幸福做贡献。

05

为了真正的稳定
更要持续行动

想做的事做不下去而踩下心灵刹车，多数是因为“追求稳定的心理”。

的确，那些做着自己想做的事、喜欢的事的人，身心获得了自由，但也面临着收入不稳定、很难结婚、没有房子、在社会上不被信任等一系列不好的印象。

尤其是，在看不清未来，对将来充满悲观氛围的时代，有倡导“追求稳定”的倾向。不仅是中老年人，很多年轻人都口口声声称“想在一家稳定的企业工作”“想有稳定的收入”“想要稳定的身份资格”。根本没工夫考虑想做的事情，总之，就是以“追求稳定”为目标。

甚至有些女性会“想通过结婚过上稳定的生活”。

事实上，你只要依赖什么，反而得不到稳定。

在追求稳定的时候，像“企业”“收入”“资格”“结婚”等这些东西，看似不可动摇，但果真如此吗？

回首这十几年，世界发生了翻天覆地的变化，当下你认为稳定的东西，一年后，不，甚至是明天就突然有变化了，变得不稳定，这都是常有的事。

如果你想一直维持原状的话，会陷入一种无效的工作方式，而且逃不过人际关系摩擦的困局。

追求稳定的同时，不自由总是随之相伴。

在无法预测未来的时代，就没有稳定可言了吗？

我认为，没有绝对的稳定，想要保持稳定感，终极方法是，彻底弄清楚自己想做的事情，成为“被需要的人”。

比如，在照料母亲的护工中，有一位女性是“我请她来”的。

无论护理、做饭还是沟通交流，这些技术上的事，她都很用心，我们家人都能感受到她的温暖。

像她这样的人，大概是每个家庭都想要的，就算去了别的地方，也照样会被抢着要。

还有一位男性朋友，他在一家大型企业的地方营业所工作了数十年，后来营业所被迫关闭。在数千人失业的情况下，他被公司留用，并被派往城市营业所赴任，结果他所属的事业部被划归为国外企业的旗下。

连他自己都说“没想到会发生这样的事，真的不知道明天会发生什么”。他在周末陪孩子的时候，用镜头抓拍到了一张不错的照片，将照片上传到Instagram[①]上，并备注“免交通费和摄影费，想要照片请点击购买”。

这张照片确实充满了魅力，即使不是为人父母的看了都会为之触动。他以此为契机，开始制作视频，从全国各地而来的委托络绎不绝，借此他有了丰厚的收入。

在这个谁都能用智能手机随时随地拍照的时代，那些专业的照片反而更有价值。

他很幸运，能热衷于做自己喜欢的事，并且幸福地说道：“我已经做好了随时可以辞职的准备。”

我认为，想做的事，即使不知道能不能变成工作，也应该去尝试一下。但是，如果你想以此为生的话，就应该创造出非你不可的价值。

① Facebook 公司旗下的一款社交应用软件。——译者注

现在也许是一个处处充满机会的时代。

只要有网络，就可以和全世界各地的人联动起来。

比如，你想成为一名心理咨询师，可以从众多的咨询师中，选择一位顶尖的作为你的目标，这是一种方法。但如果你想要成为“针对发育障碍患者像父母一样的咨询师”或者是“会手语的咨询师”等，就要具备自己独特的东西，成为独一无二的存在。

真正的稳定并不是守着看似稳定的东西，一成不变，而是不管出现什么情况都能继续生存下去。

不管是什么样的工作，只要有人“想要拜托你”，你被需要着，那就是有可能的。“能创造价值的人”，总是能找到立足之地。

正是因为身处无法预测未来的时代，所以要有强烈的生存欲望。

周围的环境在变化，自己也要顺应变化，做出改变。

如此一来，做想做的事，顺应时代而不断改变，不是更快乐吗？

06

松开“心灵的刹车”，先试试看

那些人生经历丰富的人以及不断成长的人，他们有一个最大的共同特征就是具备“总之，先试试看”的精神。

与其说“总之，先试试看”，不如说是“总之，只能做”，有对夫妇朋友就为此而开始行动了。

一开始，他们想过与大自然融为一体的田园生活，就住在深山处，但随着孩子的成长，开始忙于上班和上补习班。考虑到“再这样下去，就没法实现理想的家庭生活了”，于是举家移居到海外的南岛生活了。据说这一家六口人，以每月3万日元的生活费过了好多年。

在没有电视和游戏的情况下，每天钓钓鱼、打打牌，充分享受着与家人在一起的时光，后来考虑到“照这样继续生活下去，孩子们就只能在这座岛上生活了”，于是决定举家移居到美国。

丈夫考上研究生，取得了签证，并且在研究室等地方兼职打工，后来当上了大学教授，孩子们也考取了美国的大学并顺利毕业。

如今，他们在美国买了比东京巨蛋[①]还大十多倍的一座山，在山上盖了房子。妻子说：“丈夫表示至死都要建造完成这所房子，我只能奉陪到底。”两个人一起沉浸在梦想的快乐中。

两个人也时常教导孩子们，对他们说一些道理。“当你们在做某件事的时候，不要对自己设太多条条框框，也不要因为自己能力有限，就总是只考虑自己能力范围内的事情。要想清楚自己想做什么事，为此该做些什么准备，这样一边思考一边行动，大部分事最终都能完成。”

可能从小聆听这些教诲，孩子们有的成为音乐人，有的成为服饰设计师，都活跃于各行各业。

“总之，先试试看”的力量，会冲破自己设定的屏障，让事情有更多的可能性。

---

① 位于日本东京文京区，是一座有 55000 个座位的体育馆。——译者注

关于行动力的伟大之处，我在之后的文中会提及，在这章中我想告诉大家的是：并不是因为有了“感情”和“思考”，才产生“行动”，而是因为有“行动”，才会产生“感情”和“思考”。

比如一件小事，在“云酒会[1]”或者网络研讨课上，有的人“虽然想尝试一下”，却很难付诸行动；有的人“不管怎样，先试一次吧”，立马就做了。

内心受到阻碍而无法行动的人，如果不消除心中不安的因素，就没法往前走。必须要真的拿出干劲、认真考虑后才安心……具备这样的“感情”和“思考”，才能打起精神专心做事。

虽说“摸着石头过河”这句话听起来很好，但如果谨慎了过头，就会觉得“真是够了”而自生自灭，错失了难得的机会。

有的人抱着“先试试看”的想法，即使有再多不确定的因素，也会抱着“能顺利进行很幸运，但事情肯定有不

---

① 因受疫情影响，各类线下聚集活动相继被取消，从而衍生出的一种线上聚会形式。——译者注

顺利的时候”这种“赌博”的想法而继续前进。

当你开始行动的时候，不管你做得好不好，首先你心中已经没有“恐惧”了。

有一次我战战兢兢地参加了一场“云酒会”，没想到很开心。

并不是说我表现得一切都很好，而是通过这次酒会我意识到“因为我不敢当众发言，可能有很多人参加的酒会不适合我”。此后，我会选择参加一些小型酒会、参加一些门槛低的网络研讨会……也就有了后续的行动。

感觉就像是一边加固石桥一边渡过去一样。

总之，当你迈出一小步的时候，“思考”“感情”“行动”都会朝着同一个方向发展。

有些事情，不管你用脑子怎么想，都不会想出完美的答案，只有试着做了才会明白。只要你前进一点，就会明白“自己到底哪里有所欠缺”“接下来该做什么”。

“原本以为不擅长的工作，在做的过程中却觉得越来越有趣了，开始有了信心”，这也是常有的事。随着你有所行动，人生也变得有更多种可能。

当然，也有尝试之后发现“不适合自己，放弃吧”或者“改变方向吧”这种情况。

即便如此，你也会因为“做了想做的事”而获得满足感和认同感，为“想做的事”画上一个句号。“当初，如果做了……”之所以会有这样的想法，总感到后悔，是因为没有尝试、没有得到结果，没有为自己想做的事画上一个句号。

所谓丰富的人生，就像是体验了喜怒哀乐所有情感一样。善于行动的人，在日常生活中或许会经历愤怒和悲伤，但也会收获很多倍的喜悦和乐趣，不是吗？

第 2 章

“做想做的事”是人生最重要的课题

01 比幸福更重要的是做想做的事

“想做的事，最好立刻行动”，因为这是人类最原始的欲望和愉悦。

我们很容易把人生想得很复杂，实际上，我认为人生很简单。想吃什么就吃，想看什么就看，想听什么就听，去想去的地方，见想见的人，学想学的东西，做想做的事情……这不就是遵从自己的欲望在行动吗？

“吃想吃的东西”这种欲望和“想收集中世纪的古董”“想在山间别墅独居生活”“想成为政治家，改变这个国家”这些欲望，虽然在层次和难易度上不同，但本质是一样的，都在朝着自己想要到达的方向在行动。

但是，正如我第1章所写的那样，如果抱着“做这件事有什么用？”“这样行得通吗？”“别人会怎么想？”“是不是太贪心了”诸如此类的想法，就会把事情变得复杂，最终让自己止步不前。然而有时候我们拼命努力去做的事，并不是自己真正想做的。

既然我们置身于这个社会，有时需要配合别人做一些事，也有不得不做的事。但对于我们的人生来说，“想做的事”才最优先考虑的课题。

人在临终前后悔最多的事就是“没有活出自己的人生”。也就是说，没有做自己想做的事。

“要是有勇气去过忠于自己内心的生活，而不是一味地满足他人的期待就好了”“要是不那么做就好了”“要是能让自己幸福就好了”。之所以有这些后悔的想法，大概是因为本应该可以按自己的想法做事，却没有那样做吧。

在我采访过的人中，有几个人曾有过和死亡擦肩而过的经历。

那些经历过后，他们都是怎么生活的？如此说来，他们都有一个共同的信念就是“尽情去做自己想做的事”。这样你才能获得发自内心的快乐。

有一位男性朋友之前从事设计工作，后来因为交通事故双目失明，他说道：“现在我过着全新的生活。”取得针灸师资格后，他开始创业开店。在自己的店里开办料理课程，举办电影放映会，独自带着导盲犬去海外旅行，空手道、冲浪、足球、拳击、哑剧……这些新事物他都一个一个地去尝试和挑战。

还有一位乌拉圭的女性副总统露西亚·托波兰斯基，她从20多岁开始被当作政治犯关押直到40岁。据说在遭受严刑拷问的过程中，很多同伴都相继去世了。但是，露西亚一直坚持到获释。

获释后，她仍然选择政治这条路。

大概她从很小的时候就想“帮助那些因为贫苦而饱受苦难的人们脱离苦难”，所以这是她一定要做的事。

“人生，就像是给我们的一个假期。”没有期假作业。随便怎么玩都可以。只要不给别人添很大的麻烦，做什么都可以。在做了自己想做的事之后，会感叹道：“啊，太开心了！”这不就是幸福吗？

工作的时候，不想别的事，像做游戏一样，沉迷其中。写作的时候，也是因为想写所以写作，否则没有任何意义。

如果所做的事可以帮助到别人，那就荣幸之至。其实，并非如此，是因为“想对他人有所帮助”的想法在前，用“写作”的方式来实现。

人生最可贵的就是珍惜对你来说重要的事或人，那些让人快乐的事。只要把“想做的事”当作人生和日常生活的重心，肯定会有所改变。

02

做想做的事，会收获很多“快感”

当你在挑战某件事的时候，会有一种无比喜悦的心情。

这不是什么大道理，就是单纯的心情好。

有一天，朋友家上小学四年级的女儿，拿着几个能力鉴定的考试申请书。

孩子问妈妈说：“妈妈，这些资格证，我都想考，可以吗？”

妈妈仔细一看，原来是“全民英检[1]”“HSK[2]”“数学检定”……

朋友问女儿：“你为什么想考这些呢？”

“我想挑战一下！”

“仅仅如此吗？”

“这样还不够吗？”

“也不是说不行，那你为什么想挑战呢？”

“妈妈在工作中不就是在不断挑战吗，一定也是因为喜欢挑战吧？”

朋友作为劳务派遣公司的社长，是一个不断挑战新事物的人。女儿看到妈妈的身影，也有了“想挑战一下”的想法。

朋友的女儿通过几个月的题海战术和不懈的努力，先后获得了“全民英检”考试C级和D级认证。

迄今为止，你也有过真心“想试一试”“想超越自己极限试试看”的想法吧？

人本来就愿意做容易让自己产生快感的事，让自己开

---

① 全民英语能力分级检定测验。——译者注

② 汉语水平考试。——译者注

心的事。

我周围有很多这样的人，以“追求快感”为目标在行动……

有在里约热内卢狂欢节跳舞为目标而练习桑巴舞的人，有在自家阳台上种植蔬菜的人，有骑自行车环游日本的人，有自己动手盖自家房子的人，也有到了中老年后挑战学习语言和乐器的人，等等。

如果从小事做起的话，改变房间的布置、探索陌生的街道、上兴趣班，这些都是一种挑战。

做这些事可能多少都掺杂着不纯的动机，比如让自己变得自信、为了炫耀、为了结交同行的朋友等。其实，内心深处也会获得快感，莫名地觉得“做这件事好开心”“如果能做那个事就太高兴了”。

人们认为，比起得到一个东西，期待和想象得到这个东西的瞬间更让人有快感。

心有期待，是一种快感。沉迷，也是一种快感。

完成某件事是一种快感，和周围的人互相帮助、共同分享喜悦也是一种快感。

即使过程中会遇到麻烦和让人痛苦的事，但在前进的路程中，仍然有很多快感支撑着我们向前。

“今天完成了这样的事。”

“试过之后有了新的发现。”

“或许，这样的事也能尝试一下”……

像这样，每天都能感受到一些小小的喜悦，生活就会变得充实起来。

我很推荐旅行，旅行是一种性价比很高的娱乐方式，也是一种自我投资。“没错，去旅行吧！”当萌发出这个想法的瞬间，人就产生了兴奋的快感。即使工作有点辛苦，只要想到“周末要出去旅行”，就能继续努力了。

旅行途中，有享受美食、欣赏美景带来的快感。旅行回来后，满满的回忆也让人充满快感。

和家人、朋友一起分享照片的时候，分享着“那个时候，发生过这样的事呢”的共同回忆，也会让人有快感。

有时有人会说“现在这样我已经足够幸福了”“没有什么特别想做的事”。当你对每天的生活都感到很满足的时候，是不是觉得没有必要再行动了？

生活不只是要寻求刺激，我们也会从日常生活的点滴中感受到喜悦，这也是一种幸福。无论多么喜欢寻求刺激的人，懂得在日常生活中获得快感都很重要。

但因此你就告诉自己“不用再有追求”“最好没有欲望地生活”，那就是在自欺欺人了。

尤其是年轻人，精力充沛，更不应该只满足于现状。不，这应该与年龄无关。无论多大年纪，都可以充满活力，都可以坦然面对自己的欲望并立刻行动。

承认自己是个“贪婪的人”之后，对自己的追求就不再犹豫了。正因为有所追求，过程才会觉得辛苦，但越费事，满足感就会越强。

如果，你萌生了“想试一试”的想法，即便是很小的事，也请去实现它。

“为了什么？”

不需要什么理由。

去做了会有“好心情”，光这一点就足够了。

事实上，你内心深处应该会发生一些变化。

变得有一点点自信了，变得稍微喜欢自己一些了，开始觉得未来的路一片光明……

虽然都是一些很小的变化，但这些变化会成为你撑起明天的希望和力量。

03

要经历很多次失败和不如意才好

我从一位物理学家那里听到这样一个有趣的故事。

研究人员在做实验的时候，会先提出大多数人都能想到假设情况，但是，一般都会经历3次失败。优秀的研究人员在实验失败后会拍手叫好。因为这样的话，他就可以再次提出与大多数人不同的、属于自己的假设情况。即使是天才，也会经历2次失败才能获得成功，普通人更是，不经历3次失败不可能成功。但是，如果失败3次就获得了成功，那也快赶上失败了2次的天才了。

原来如此。这个故事不禁让人拍手叫绝，我从中得到了一些教训。

第一个教训：因为有“想做这个事”“想要变成那样”

的假设，才能向前发展。

第二个教训：自己的预想和现实情况总是有些出入。

第三个教训：每当你做得不好时，要寻找适合自己的方法，看到新的目标，直到最后把事情做好为止。

不要觉得“像那么厉害的事，是有天赋的人才能做到”而因此放弃。即使是普通人，在经过多次失败后，也有可能获得成功。

在做事的过程中，也会碰到与之前的设想不同的情况。

坦白地说，当初我抱着要成为一名作家的想法来东京的时候，是打算先做一名记者的。虽然也得到了在国外采访并在新闻频道和周刊杂志上发表报道的机会，但也逐渐感受到“这并不是我能控制的世界”。我意识到，如果要写政治和经济类的报道，就我当时掌握的知识是没法支撑的。

于是，在我暗中摸索的过程中，突然闪过“也许能写一本支持上班族的书吧”这样的念头，那一刻身体都为之一振的感觉，至今仍然清晰地记得。

我想大概没有人比我看到过的工作现场更多，所以决定做一些对别人有帮助的事。我又提出了一个新的“假设情况”，然后就开始行动了。

现在，回过头来看，“当初确实没想到能达到这样好的效果”。这是一个连自己都感到吃惊的结果。我想，比起当初提出来的一个又一个的“假设”，如今收获的喜悦更多。

人生，也许就是一场规模庞大的实验。

工作和休闲，结婚和恋爱，都要建立一个“假设情况”。如果行不通，再以此为线索建立下一个“假设情况”……如此反复，就会越来越接近自己想做的事情。

人生，正因为不能完全像预测的一样，才更加有趣。因为有过错误的经验教训，才会有“这样做不就好了吗”“还有这种路径”这样的感慨，一边掌握属于自己的技巧，一边找到自己的幸福，才是人生的乐趣吧！

因为做的是自己喜欢的事，即使面临失败或挫折，也会当作是一个很大的礼物。而当你身处其中的时候，反而很难发现。

在中国香港旅行的时候，有件事让我吃惊，也让我感动。那就是这里几乎所有的男女都有恋人。

我不知道确切的情况，但我问了几个朋友，这种说法似乎并不夸张。其中，有一位在这里生活的日本朋友，告诉我：

“在中国香港，当大家以为这个人没有女朋友或男朋友的时候，其实，他们是有恋人的，并且保持着亲密的关系。因为他们一旦遇到心仪的对象，会马上发起攻势，如果发现不合适，会立马转头寻找新的目标。这样多次尝试下来，就知道了怎么发挥才能获得芳心，什么样的人才适合自己。”

也就是说，一旦采取行动，不久就会有结果。

最糟糕的是，有一种人，自己不行动，觉得自己“反正都不行”，轻易就放弃了，还总爱指责别人做的事。

如果你专注于自己所做的事，就不会去在意别人的事情了。

即使进展不顺利，也没什么大不了。

自己去做实验吧。不断地尝试自己想做的事，不断地从失败和挫折中总结经验，再不断地站起来重新向前进吧。

04

想做的事，最好“立刻行动”

如果你有想做的事，最好“立刻行动”，因为那个时候就是最好的“时机”。

经常有中老年人说“等退休了，想去种地养花”“想买个野营车，去钓鱼”，但是这些事“现在”就不能做吗？

说“退休后再做什么”的人，即使完全失去了做这件事的热情，也不会改变想法，还会对自己说“这就是我想做的事”。

一旦要做的时候，才发现自己已经没有体力，也没什么人脉。即使有时间和金钱，很多事还是让人无能为力。

那样的人生，岂不是很可惜吗？

就算现在时间和金钱的条件不是很宽裕，如果周末在家种点蔬菜、去钓个鱼之类的，开始执行想做的事，退休的时候，就可能是“想做的事已经做得差不多了，接下来做点别的事情吧”。

那些退休后还在努力实现梦想的人，是一直在为梦想付诸行动的人们。做餐饮的人，就算周末去旅行，也是边吃边研究新的美食。在深山别墅独居的人，只要有点时间，就去物色哪座山更好，研究探山的方法。与其说是“不行动就会怎么样”，不如说是“必须要行动”的热情在推动着他们往前。

即使是年轻人，也有“为了养老而存钱”“如果有时间的话就去做某事”的想法，而把想做的事情一拖再拖，真是太可惜了。

想做的事现在就做，去经历一些新的事物，挑战做些什么，学习自己感兴趣的事，这些都会变成你今后人生中一个强有力的武器。

人在大多数情况下，通过对方“是做什么的”而建立起信任，有所联系。在一个宽容的时代，允许失败的时代，可以被他人温暖的时代，如果什么都不做的话，就像拥有一把好的工具却不使用，真可惜。

大概在20年前有一部电影叫《死前想做的十件事》。

电影的主人公是一位被宣告仅剩2个月寿命的年轻女性，电影讲述了她在笔记本上写出“死前想做的十件事”，然后秘密行动的故事。

当时，我模仿电影主人公列出了自己想做的十件事的清单。过了几十年再次看到这个清单，我内心受到很大的冲击。

有“环游世界一周”“带父母去海外旅行”“在柬埔寨建一所学校”“开一家店”，等等，字里行间透露着当时的热切情怀，有的“已经做到了”，也有的“已经没法做到了”。

剩下的都是“已经没必要做的”，“现在仍然想做的”竟然一件都没有。

因此，一开始有做某件事的热情，如果不立刻行动，做这件事的热情会逐渐冷淡下来。

能切实实现的事，即使需要去借钱，也会马上行动起来，我认为这是一种危机感，比如“如果现在不做的话，以后就没有机会了”。

现在，如果把“死前想做的事”列出来，内容肯定和之前的完全不同。如果真的到了70岁，列出来的也会有不同……

现在想做的事，如果现在不做，就没有什么意义了。

读书也是，当你抱着“想读”的强烈意愿去读的时候，就会沉迷于其中，也会被书中的内容深深吸引。但是如果抱着“等有时间了再读”的想法而搁置下来，那么读书的热情也就会完全冷却下来，读书的兴趣也不再那么强烈。到后来，甚至都忘记了那本书的存在。

“正因为是在那个时候，正因为是自己想做的事，才能做到。”

因为总有对手，环境也在时刻发生变化，所以必须利用“现在”这个时机。

就算和家人一起度过的时光，也不是永恒的。所以让我们珍惜和家人在一起的机会，愉快地度过合家时光吧。那些很少有机会相见的家人，当你想起他们，就立刻联系起来吧。

如果有机会能见到想见的人，不管多远都要奔赴相见。

当季的食物，就在它最美味的时候去品尝吧。

想去的地方，现在就行动起来去吧。

始终把想做的事放在生活首位的人，一定很幸福。

如果你还是想着“等有时间了再说”“等有钱了再说”，殊不知，这一生就这样不知不觉走完了。

-05-

“好奇心”
是人生充满能量的源泉

一个对自己想做的事全力以赴、并且能乐于其中的人，“好奇心”会是他一切的原动力。

对未知的事物，能抱着“想对此有更多的了解”“想尝试一下看看”这样兴奋不已的想法，而呈现出的好奇心，是跟随自己内心做想做之事的开关。

这样的好奇心，应该是人人都有的。

有一位朋友，她对理财很感兴趣。她通过理财取得的收入比她本职工作获得的收入还要多。

她逐渐积累了数百万日元的资本，后来拥有了5栋大楼和公寓。

谁都会想“要是能那样不劳而获当然好了”，但这并不是简单地模仿就能学到的东西。在她购买大楼的时候，搜集了多少信息，花费了多少时间。那些背后的付出都是非同寻常的。为了确认大楼的价值，在深夜里对大楼周边的环境进行实地调查，不厌其烦地向附近的居民打听情况……

她之所以乐在其中，持之以恒地做这件事，无非是因为喜欢吧。

我经常在思考一件事，每个人的能量大小原本是没有太大区别的。

每个人的一天都是24小时。

当你把时间和精力投入到哪里，哪里就会形成巨大的力量、得到丰硕的结果。

即使是那些被称为天才的人们，靠的也不仅仅是才能，还有他们付出的大量时间和精力。

而那些总认为自己“没能力”的人，如果就此虚度一生，岂不是很浪费生命。

如果大家知道按下“好奇心”的按钮，谁都能沉浸于自己想做的事当中，投入到甚至忘我的程度，从而真正激发出自己内心的力量。

如果你抱着“说不定将来会有用的”“看起来很赚钱”“应该会被他人认可”“别人说很好”这些理由去做事，你并不会真正掌握什么，也不会取得什么好的结果。

如果只是通过周围的人去寻找答案，只要擅长察言观色，迎合他人，就够了。但这样没有提升自己内在的技能，只是将把握自己人生的方向盘交付出去，不过是在消耗自己的时间和能量罢了。

那些在岁月的年轮中始终保持活力四射的人，有一个共同的特点，那就是拥有一颗永不满足的好奇心。一旦发现自己感兴趣的东西，不管别人怎么看，首先冒出的想法是“这是什么?”“我也想试试看!”

正因为有好奇心，才会涌现出力量。

因为想知道得更多些，想有一点点成长，不管怎么样都追求着要实现，随着时间的积累，最终变成了一股压倒性的力量。

如果你觉得自己现在好像“没有好奇心”，想想小时候喜欢过的东西、现在在意的事情，不管什么都尝试着去做吧。

画画、读史书、做点手工。做着自己喜欢的事，一个人沉浸于其中，应该能想起那种得心应手的喜悦。

从现在从事的工作中，找到“令人好奇”的点不是也很好吗？在自己感兴趣的事情上，积极收集信息，在掌握一项技能的过程中，会形成属于自己的独特的工作方式。当你自己变得无可替代，你和别人之间也就有了连接的力量。

不过有一部分人，因为强烈的好奇心而沉迷其中，到了一定程度后就开始厌倦了。也就是所谓“三分钟热度”，这种情况多数会被认为是这个人的缺点。

但是，像这样的人，即使他对一件事失去热情，也会对下一个事感兴趣，这样接连不断地转移兴趣，最后会发现他了解很多东西，积累了很多经验和知识。慢慢会发现，他对外输出的东西变多了，这也成为他生活下去的力量。所有做过的事都是相辅相成的，甚至有时也会变成你强壮的枝干。

人生最重要的事不一定是要有完美的结局，也不是别人眼中的成功。

最重要的是，自己掌握着命运的方向盘，“活在当下”。

从早到晚都从事自己想做的事，能真正沉浸于一件事的人，这才是真正的人生赢家吧。

06

从“能做的事”当中发现“想做的事”，将其作为工作

曾经有人向我咨询“将来能把自己喜欢的或者感兴趣的事当作职业，是否行得通呀?”

当然，并非不可。我认为，要想钻研于工作的话，要么把自己喜欢的事变成职业，要么喜欢上你当下所从事的职业。

如果是发自内心想做的事，是不是工作都没关系，只要做就可以。如果“没有报酬就不想做”，那可能不是发自内心想做的事。

如果想要靠自己喜欢的事维持生计，那么，比起“想做的事”，要先从“能做的事”开始着手，这样应该更容易上手，更可能把它变成职业。

无论你多么喜欢做一件事，如果没有人对其有需求的话，那也不能成为工作。

至今为止，我采访过很多让人为之感动的工作人员，他们都说自己“从事着一份好的工作”。

当被问到是什么契机开始从事这份工作的时候，只有极少数人回答道“在做自己喜欢的事的过程中，自然而然地把爱好变成了工作”“一直把从事这份工作当作梦想，并不断努力”。

大多数人都是“因为被委托做这个工作”“因为其他人不做”“偶然间看到招聘广告”等这些理由，偶然间从事了现在的工作。

当然也有人是一开始也抱着“先做着试试看吧”“看起来很有趣”这样的好奇心，在做的过程中越来越得心应手，感受到工作带来的乐趣，从而变得更认真起来……这样的情况会比较多。

一位单亲妈妈朋友说：“为了就业，我想学会电脑操作。”于是她参加了制作网页的讲座。但她没有钱，就和讲师进行谈判，让她做前台和揽客的工作，然后，她就可以免费上课。

那个讲师一开始以“你能做这样的网页吗”这种试探的态度来委托她做一些工作。渐渐她的工作量增加了，于是她召集附近的宝妈朋友，成立了一家公司。公司的业务涵盖网络销售代理、配送、商品开发、出版、房地产等其他领域，后来公司年销售额达数亿日元，公司甚至发展到自建大楼的规模。

她不管从哪里听到“我正在为这件事犯愁呢”“要是有人能替我做这件事就好了”，立马就会回应道“交给我们公司来做吧！”

即使是没有做过的事，她也会全面搜集信息，不停地请教别人，获取相关的资格和技能，想方设法把“没有做过的事”变成“能做的事”。别人会因得到她的助力而高兴地表示“我非常喜欢这份工作”，周围的人也会对她产生莫大的信赖，表示“只要委托给她的事，就不会有错”。

能让人高兴的要点大都是因为擅长的事。如果想增加输出量，那么必然地，输入的量也需要增加。

让“想做出更好的东西”“想让别人更高兴”这样做的意义（输出）和个人的成长（输入）紧密连接起来。

相反，无论学了多少、考取了多少个资格证，如果没有将其输出、没有派上用场，那么你的输入量也会相应逐渐减少。

如果在海外生活，工作的选择范围会很小，比起“想做的事”，首先要找到“能做的事”。

有一位朋友说“因为没有别的工作可做”，所以在当日语老师的同时想考取教师资格证。于是他去了研究生院继续学习，后来竟然成了一名大学讲师，也可以将自己喜欢的艺术元素融入课程。

还有一位朋友，在做导游的同时，建造了一所让客人满意的理想酒店，并为当地创造了就业机会，实现了自己的愿望。

他们都是在做“能做的事”的过程中，找到了真正“想做的事”。

“想做的事”是“偶然间”或“顺其自然”发现的，大多数是偶然发现的。这不是随波逐流，而是按照自己的意愿顺其发展，最终达成自己的心之所愿。

以“做什么会让自己开心”“做什么能帮助到别人”为中心展开行动，不正是达成“做自己想做的事”的捷径吗？

第3章

你有能力去实现“想做的事”

01

有“想做的事”就要有“实现的能力”

这章将为那些想实现自己想做的事而努力的人阐述一些事实。其实，你原本就有很强的实力，可以通过“立刻去做重要的事”来发挥你的本领。

人们只会想象可能实现的事情。

几乎没有一个成年人会认真思考“怎样才能实现一个看起来不切实际的梦想”。

哪怕只有1%的可能，人们也愿意去想象。

其实，在我们内心深处，对能做的事和不能做的事已经很清楚了。

所以，在考虑“想做这样的事试试看”“想变成这样”的时候，首先要具备将其变成现实的能力。

你是不是也会半信半疑地说“话虽如此”？

如果说“想做的事情会变成现实”，你是不是仍旧不相信？

当然，我并没有说一切想象都会成为现实。

如果你不这么想，就不会开始，就是这个道理。

梦想和目标就像彩票，虽然不知道会不会实现，但如果连“有一点可能性”这样的幻想都不抱有而不买的话，也根本不存在中奖一说吧。

比如，很多运动员都抱着会成为奥运会选手的信念，每天都努力训练。你也许抱着“想成为社团的正式成员”“想在幕后支持选手，去参加奥运会”这样的梦想。

不能说哪个更好，就像在第2章所写的一样，如果不建立“假设情况”，就行动不起来。

当你正想着“兴许能做到”的时候，你已经有能力去实现它了。如果总想着“虽然有想做的事，但是肯定做不到”，那么即使自己真的有能力，梦想也不会成真。

认为自己“做不到”和认为“还有1%的可能性”的想法是有天壤之别的。

愿望和野心似乎是指要实现什么样的结果，但另一方面，愿望更是为了当下的“目标”而存在的。

即使没能实现，只要想着“能做的事都尽力做了”“尽自己的全力去做了”就不会有遗憾。

如果把“想做的事”简单做一下，力量就会涌现出来。

想做的事，不管多辛苦也想做，不想做的事再怎么简单、再有好处，也不想做吧。

其实，只要做自己想做的事就可以了。但是，一旦“恐惧”进入你的心里，就会导致你做出错误的判断。

你或许会因为过度考虑“别人怎么想的”“会不会失败”“稳定的道路是不是更好”等问题，而无法行动。

如果到了这种时候，请你这样拷问自己的内心：

“说真的，你想怎么做？”

对于人生中一些重大决定，虽然很难一时给出答案，但重要的是要一直问下去。

即使在日常生活中，你也会因为如何度过周末，午餐吃什么，买什么样的衣服，要不要参加活动，等等，而犹豫不决。这时你应该问自己“到底想做什么？”而不是犹犹豫豫不知道该怎么办。

另外，要时不时问问自己“做什么的时候会感到开心”。

当你一点一点地去确认令自己感动的事、心动的事、有满足感的事，以及相反的，让你不太动心的事、心情不爽的事的时候，你就会慢慢听到自己的心声了。

人的本性就是越被什么触动，就越想做什么。

什么能让你幸福，只有自己最清楚。幸福只存在自己心中，不是四处张望寻找来的，也不是从别人那里寻求来的。幸福和人与人之间的竞争、和输赢都没有关系。

有意义的选择只有“选择自己想做的事”。

如果说人生是一场战争的话，那可能并不是为了和他人作战，而是为了能真实面对自我而战。

如果你已经找到了自己想做的事，那就专心想着这件事努力向前吧。

如果你能够一往无前，就会发现有一股无限的力量在一直支撑着你。

至于结果，就交给未来吧。

02

保持乐观，学会把事情具象化

如果想实现自己的想法，那就抱着乐观的态度去不断尝试吧。

“人生路上没有过不去坎”，如果总是保持乐观的话，就不会把注意力放在没用的事情上，只会把注意力集中在“当下”。

还有很重要的一点就是学会把事情具象化。

经常有人说“把想做的事具象化，就能实现自己的想法”。但事实上，就算努力把事情具象化，有时也不一定能实现。

首先要在脑海中描绘出“必须要具象化的事情”。

发挥想象能创造出无限巨大的力量，但是仔细想想，就算深信“一定会有好结果！”但如果没有深入细致的思考，你会不知不觉忘记自己的初衷，最后所有的想法都会落空。

要想实现自己的想法，“必须要对事情有具体的印象”，要做到“即使没有刻意思考，也会不由自主地思考”这种程度。

比如，当我想“出道的作品要成为畅销书”的时候，脑海中就会浮现一个画面，“在横滨车站地下街的书店，畅销书一栏里摆着我的作品，一位下班途中的女性捧着我的书认真地翻阅着”。这样的情节就像电影中的情景一样。

不仅要做“具象化”，而且要任由自己自由畅想“如果发生了这么美好的事情，那该多好啊！”

然后，脑海中每天都会浮现出很多次那个情景。即使不刻意回忆，也忍不住不自觉地回忆起来。

人的想象是不可思议的，不仅能对视觉上的东西产生联想，像地下街道嘈杂的声音、干燥的空气、附近餐厅的味道，等等，只要是五官感觉到的东西都可以。

想象越具体，快感就越能渗入身体。因为这些想象的情景能让自己全身心地感觉到快乐，所以这些情景会反复在脑海中重现。

直到有一天，反复重现的情景终于变成了现实。

有一位朋友在他20岁出头的前几年，常常念叨着“想拥有一套三居室的公寓”。他每天都翻看一些不动产和室内装修类的杂志，幻想着在公寓“看得到大海，室内家具全是自己喜欢的品牌……”

他说：“不管工作有多辛苦，一想到公寓的事，什么都能挺过去了。”晚上，即使累得筋疲力尽，只要一想到自己“购买公寓的心愿”，就会立马变得倦意全无，可以美滋滋地睡个好觉。正因为这样，他的心愿不可能实现不了。果然，几年后，他就拥有了一套与自己想象中一模一样的公寓。

如此可见，你的想法是否能够实现，取决于你的心愿是否强烈，因为它决定了你在想象中“快感”的大小。

在《高效能人士的七个习惯》一书中，作者斯蒂芬·R. 柯维博士用一句话传达了印象的重要性：

“所有的东西都要做两遍。一遍是在自己脑海中，另一遍是在实践中”。

我们周围熟悉的书桌、文具、电灯和房子，最初都只是在某个人的脑海中想象出来的东西。

有人将它描绘得很具体，并且坚信它能实现，最终将其成形。

取得成就的人无一例外，都是在实现某个目标之前，已经在自己脑海中多次勾勒出实现目标的画面。通过重复这样的印象，自己的精力也会聚焦于此，自然也就行动起来了。

因为有了印象，就会感慨“如果那样的话，该多好呀！”那种心跳的感觉，如同获得救赎一样，会萌生出积极且丰富的“感情”。

只是，我们即使有具体到让人兴奋的想法，但过一段时间又会觉得“不行啊”“过几天再说吧”，因为有了这些想法，也就慢慢打了退堂鼓。

所以，虽说“马上行动”很重要，但首先需要具体地想象一下，要深信不疑地反复思考，这一点也很重要。

如果快要忘了那些想象的情景，可以像考试前的学生一样，把想象出来的情景贴在墙上，或者写在日程表的最前面。工作前可以拿出来看看，培养这种意识，养成一种习惯就好了。

这是一件简单的事，谁都可以做到，而且还很有效果。

总之，你对一件事的想象有多少，就能达成多少结果。

03

从最重要的事入手

人生要从优先的事情入手。

如果从孩提时起就一直抱有“学会英语，走遍全世界”的强烈愿望，就会把时间和精力花在学习、找工作、搜集世界上每个地方的信息上，努力实现这个愿望。

而且，慢慢会发现自己似乎已经习惯了那样的生活。

如果抱有“不管怎样，都想赚很多钱”的想法，比起休闲放松，会更优先考虑工作。而如果是抱有“珍惜家庭，家人最重要”的想法，就会优先考虑和家人一起度过的时间。

也有人在乎的不仅仅是一件事，而是觉得工作、家庭、娱乐都很重要，就会协调安排这几个方面，从而产生协同效应。

有的人嘴上说的和实际做的往往有偏差，但行动往往能诚实地表现出他内心的想法。

到现在为止才明白，该关注什么，该重视什么，该把时间用在什么事情上。“重要的事要着重去做”，不能仅停留在思想意识层面，更重要的是行动的积累。

值得注意的是，我们常常不懂应该优先做什么事。有时即使知道应该先做什么，行动上却不自觉地优先做了其他的事。

“虽然知道事情很重要，却拖着没做”。这是因为你潜意识里会认为“这件事不马上做也可以”。没必要现在就做，因为还可以拖延，如果这样，那可真是丢了西瓜捡了芝麻呀。

比如，“健康”是人生的一件大事，如果没有意识到这一点，就会在休息日尽情地暴饮暴食，然后一动不动地瘫在沙发上看电视。平日里忙得不可开交，连体检都没时间去……久而久之，形成了恶性循环。

还有一种情况就是“无意识地更换事情的优先顺序”。

虽然一开始抱着“想做这样的工作”“想成为这样的人”的希望开始工作，不知不觉间却在人际关系上消耗殆尽。又或者，当你有了钱，就会“想过更好的生活”“想玩更多的游戏”，从而完全迷失了自己……

因为不知不觉间改变了事情的优先顺序，理所应当，你会发现“工作怎么也做不好”。

如果你是“很难实现自己想法”的人，试着回想一下，一天当中你花在什么事上的时间最多。

可能你在不知不觉中改变了事情的优先顺序，把时间、精力和金钱花在不那么重要的事上了。

生活中，我们会被周围很多事分神，不知不觉中内心的声音就被淹没了，从而将很多不那么重要的事都排在了优先要做的位置上。

为了不弄错优先顺序，首先，你要“明确自己的优先事项”。

不要根据社会的价值观或者周围的氛围而定，而是要根据自己内心的感情、价值观来决定，对你而言重要的东西是什么。

对每个人而言重要的事可能都是不一样的。有的人会有这样的想法：“不管别人的眼光，冲浪对我来说是最重要的事”“没有恋爱我活不下去”“我是为了旅行才工作的”。对于这些人来说，这就是很重要的事。

只要不给别人带来太大的麻烦，自己也做好了承担责任的准备，优先做什么事都可以。

在确定优先做的事当中，可以将范围压缩在5件事情以内，然后在这5件事情当中确定优先顺序就可以了。在这个过程中，也需要有放手的勇气。

我们想得到的东西有很多，但不是一下子全部都能得到。比如，“想留学”“想开店”“想相亲”，很难同时满足这样那样的想法，如果同时做，到头来哪一个都很难实现。

优先做的事并不是指“一生都优先”，而是说“现在优先”就要做的事。珍惜眼前，集中精神，当一件事实现了，自然就会进入下一个阶段。

确保把优先要做的事放在首位，关键是要始终把优先顺序放在脑海中，就像把它“嵌入日程”一样。

把对自己来说重要的事，优先提上日程吧。

否则，就算没有因为“过几天再说”“有时间的话再做”这样的理由而拖延了时间，也可能被杂七杂八的日常琐事而耽误。

像“周六做家务，周日做自己喜欢的事”“为了自己的健康，每周抽出两个晚上的时间锻炼”“利用通勤这样的碎片化时间在路上学习，取得资格证”等，只要下定决心做一件事，就一定要用行动去实践。

为此，可以拒绝无效地加班，拒绝不必要的社交，也可以减少花费在其他不相干的事上的精力。

重要的还是要明确你现在“优先想做的事”。

然后，从优先要做的事开始着手。

把这件事作为你生活的中心，你会发现，不管怎样都能挤出充足的时间。

同时，你也会明白，什么是你应该放弃的东西。

到底通过做什么来填满一天24小时的时间？

只要你内心深处一点点地确立起“想那样做”“想变成那样”的想法，你所希望的未来就会慢慢地靠近你。

在对你而言重要的事上花费足够多的时间和精力吧。其他的事情，适当而行就可以了。

04

先承认“我是平凡的人”

因为我写书，所以时常会被人说“有才华真好”，但我根本不认为自己有才华。我至今都没觉得自己有长于他人的才华。

我只是想尽办法去实现自己想做的事，花费了很多时间去锻炼写作，也就是这样。

即使说“人有无限的可能性”，或者给自己一个“我是个能干的人”这样的人设，也不可能什么事都能实现。

在历史上，有一些人被称为“天才”。事实上，在没有被称为公认的“天才”之前，他们并没有觉得自己天赋异禀。不是因为“有才能才去做”，而是“即使我是这样‘平凡的人’，也有想做和能做的事”。

坦白地说，我认为恰恰“因为是‘平凡的人’，所以才会坚持”。

正因为不是能一蹴而就的天才，所以需要持续思考，不断行动，热情不减。

在畅想未来的时候，也应该考虑“眼前的事实”。

因为我们只能从现实出发。

某位著名的漫画家很早就承认自己“缺乏绘画能力”，并且认为自己在漫画方面尤其没有才能，肯定没有出路。于是，他从成人杂志的插画开始创作。

因为他画风独特，而且习惯用亲身体验来表达，获得了很多读者的共鸣。他现在已经有很多著作和连载漫画。

某房地产中介公司的女店主说：“像我这样的人，既没有营销能力，也没有人脉，根本不可能和大公司去竞争。”于是，她通过开展专门针对女性客户的特定房屋租赁业务，引起了关注，多年来一直在持续经营这个业务。

不管是什么样的人，利用自己拥有的东西，肯花费时间和精力，一定会掌握不输于其他人的能力。

普通人如果想要掌握某种能力，就只能“发挥自己拥有的东西，用心做事”。不是在竞争激烈的领域去发展，而是在没有竞争的地方，集中精力做自己能做的事。

为此，我基本上“只做我想做的事”。

因为只有做自己想做的事，才会涌现出力量。

勉强自己去做不想做的事，或者根本做不到的事，只能置自己于困难的处境，而且也剥夺了做想做的事的时间。

所以我们要承认自己的无知，向别人请教不懂的事，拜托别人自己不会的事，不管怎样都尽力想办法解决。

在“创造一个好的氛围”“和舒适的人交往”上也要下足功夫。如果你不这样做，你就会被杂乱的事情和各种压力所困扰，你会觉得像你这样的凡人不可能拥有什么能力。

对自己严格，不是禁欲。

正因为人性有懒惰的一面，有时想玩，有时会犯懒，所以要把自己有限的力量集中在最重要的方面，并有效地加以利用。

要想实现自己想做的事，还需要有热诚的心情和冷静的眼光。要客观地审视自己，思考“怎样才能做到自己想做的事情”，然后不断地推敲适合自己的策略。

05

比“坚持”更重要的是，先确定“坚持做什么”

谁都明白坚持很重要，但是它和所谓的“坚持下去总有一天会有结果”“功到自然成”“一旦开始，无论如何都要坚持下去”，我觉得还有些不一样。

再者说，发自内心想做的事，再辛苦也能坚持下去吗？事实并非如此。如果一再强制自己，一再地出谋划策，最终还是坚持不下去呢？

如果觉得靠习惯的力量也能坚持下去，但是一旦停止思考，就不会有什么成长，也很难有好的结果。

因此，在认清“坚持很重要”这件事之前，要知道“坚持做什么”更为重要。

人生的目的不是坚持什么、取得什么结果，而是要让自己满意。坚持做某事，只是一种手段，是为了能让自己感到满意。

要想找到“能坚持下去的事情”，不是只靠脑子去思考，而要做些实际的尝试，只有感受到“这是我想坚持下去的事情”，才能真的做到坚持。

做某件事内心会有“做得很开心”“让人很开心”的感觉，那是因为你知道自己在做有意义的事情，并且能够隐约看到“希望”之光的缘故吧。虽然不知道未来会怎样，但无论如何，还是想坚持下去看看。

曾经的我，不管是工作还是自己的兴趣都很难坚持下去，唯独“写作”这份工作我坚持了20多年。因为无论做多少，我内心都永不满足。

因为我一直没有觉得“至此就完美了!”所以才会为了“写出更好的作品”而在不断努力。

我们能感受到“快乐”的时光并不多，有时也会问自己：“为什么要做这么辛苦的事情呢?”但如果你坚持下去，终有一天会有一束阳光普照在你的心田，你会觉得“自己能行”，然后满怀信心坚定地走下去。此刻，快乐也好，喜欢也罢，只是单纯的“因为想做，所以才做”。

要相信“只有你走到那里，才能看到从未看到过的风景”。

继续，是“希望”的代名词。

还有一个让我继续的理由，源自身边的贵人。当你热衷于自己想做的事情时，你会不可思议地发现，身边总会出现一个个想方设法帮助你的贵人。

他们乐于帮助他人，在不断寻求需要帮助的人。

当“别人帮助了你”“为你高兴”“被人需要”的时候，也就证明“你做的事情没有错，应该继续坚持下去！”

虽说我们无须被别人说的话、别人的眼光所左右，但能将别人的力量为自己所用，那也是一种坚持下去的力量。

人生只要有任何一种能坚持下去的东西，就会变得更容易走下去。

坚持不仅是力量，也是一种信赖。

当你拥有“都已经一直坚持到现在了，以后肯定也会有办法的”这样的信念，就会得到周围人对你的信赖。“因为有你，所以我能做到”。

与其嘴上说“请信赖我！”不如用行动坚持下去，这才是值得被信赖最好的证明。

找到即使有点累也能坚持下去的事，就像找到希望一样。另外，借助别人的力量，坚持做成某件事，也是一种方法。

第4章

迈出第一步，你行的

01

从小事开始，先做 5 分钟，迈出第一步

“只要有干劲，就没有做不到的事！”

当你想要达成一个目标时，是不是经常会听到类似这样的鼓励？

当然，也有人会说“没有干劲呀！”

这类人往往习惯把做不成的事情归咎于“没干劲”。

“干劲”常被认为是行动的重要因素。甚至还有人相信“打起精神！”“随心情！”这样的精神面貌决定一切的说法。

因此，有人会设定日程，重新审视目标，不断鼓励自己，甚至想出激发干劲的策略，但结果还是拿不出干劲来。

这种时候，其实一个最重要的前提是我们要先理解事情本身。因为，我们的身体是一个“只有行动起来才能激发动力”的系统。

要记住，仅仅靠等，是不可能自然地产生能动性的。

所谓干劲，本身就是从体内排出多巴胺、去甲肾上腺素、5-羟色胺等物质，这些东西会在你工作时活跃起来，为行动起到重要作用。

你应该有过这样的经历，当你在做某事之前心情原本很沉重，但做着做着就变得很开心了。

正因为拿不出干劲，才应该马上行动起来。

对于那些要面对电脑工作而没有干劲的人，先坐在办公桌前启动电脑吧。

只要先动起来，心情也会随之变化，思维也会跟着活跃起来。

也就是说，一旦“行动”，“感情”和“思考”也会伴随而来。

因此，从“小事”做起，“先做5分钟”。

总之，“先行动起来”很重要。

一旦开始行动，那些“不喜欢”“很麻烦”之类的“恐惧”想法就会瞬间消失。当你从小事做起，先行动起来，就会开始有动力，引发下一个行动。

就像打出去一张牌，游戏就会发生翻天覆地的变化，引起一连串的连锁反应。

我们可以先从比较轻松的“喜欢的事”“容易做的事”开始做起，这会很有效。

把目标门槛设定得尽可能低些，先决定一个“最低限度要做的事情”。

然后再自由地决定做还是不做。

相信，在做了一些比较容易的事之后，大多数人会选择继续，想“再多做一点”。

无论多复杂的工作，都是由一件一件小事组成的。

例如，一听到要进行大扫除，你有没有那么一点不情愿。

这种时候，只需在厨房的架子上放上一个计时器。

将计时器设定为5分钟倒计时，并按下开始键。

奇妙的是，你会越做越有劲，最后连架子上的东西都想收拾一下。

你会想，“那接下来设定为30分钟吧”，或者把计时器的时间设得更长一点也可以。

望着这些一尘不染的架子，你就会觉得“好舒服啊！”

一旦这样的好心情一点点积累起来，就不用再考虑从“小事”开始先做5分钟，甚至什么都不用考虑，就能迅速行动起来。

如果想让自己有干劲，就一定要鼓励自己“勇于尝试！”
学会和自己友好地相处。
试着轻声地扪心自问：
“哪怕就做一点点，都不要试一下吗？”
不要犹豫，现在就打出第一张牌，改变游戏的进程吧！

02

行动的原因可以是积极，也可以是消极的

在商业领域中，你会有机会遇到敢于做事情、勇于创造非凡业绩的、能力突出的人。

其实，这些人与普通人相比，并没有什么太大的差距

和非凡的才能。要说他们的心态，也并不是一直都是积极乐观的。

他们大多数人之前也没什么自信，说起未来的梦想也很迷茫，日常生活中也曾碌碌无为。

他们大多经历了自我反省，曾对自己这样说：

“我不甘心就这么过完此生……”

“我讨厌靠借钱维持生活……”

“既然没人认可我，那我就努力让别人认可我！”

如此可见，他们采取行动的主观因素是消极的。

“已经没有退路可言了，如果再不这么做的话，只会有更严重的事发生”。当你被逼到悬崖边上的时候，当你的想法无法被控制而爆发的时候，你体内会爆发出一股连你自己都无法相信的力量。

人们常说，能促使人行动的理由有两个：

一是为了寻求“快感”。

二是为了逃离“不愉快”。

这两者的区别在于，是为了追求快乐而行动，还是为了逃避恐惧和痛苦而行动？

那么，到底哪种情况能更快地让人采取行动呢？

“想吃美味的人”和“不吃就会死的人”，“想赚钱享受奢侈生活的人”和“靠外债生活的人”，“为了拓展工作领域而想要取得资格证的人”和“没有资格证就要失业的人”……

以上这些情况，肯定是“如果不采取行动就无法继续生活这样的人”动力更大。比起“想要得到什么”而行动，“不想失去什么”的动力会更强。

看来，不愉快也并非是件坏事。

对于那些整天浑浑噩噩、没有干劲的人来说，首先应该考虑的是“你想变成什么样?”而不是“你不想变成什么样?”

“危机感”有时会让人发生戏剧性的变化。

“危机感”是促使你产生采取行动或持续行动的动机。

就像艺术家或小说家，在饥饿感中会焕发出斗志，创造出优秀的作品。

由危机感而形成的动机很有爆发力，但如果仅凭这一点是非常辛苦的。

经常逼自己“如果不这样做，就会出大事”，然后全力以赴，这是一条荆棘之路。因为每天都要处于一个危机感的状态。

所以，最好将爆发力留在“认定的目标”的决胜时刻比较好。

特别是私下里，尽量不要总是逼自己，只要朝着明朗的方向行动，心情应该会更好。

前面提到的那些有行动力的人，一开始抱着“逃避痛苦”的消极动机，后来开始逐渐觉得有意义、有趣，也转变成积极的动机。

也有一部分人从一开始就仅仅因为“只是想做”“看起来很开心”这样的理由，就能做得很厉害。

这样的人难免也有不服输的一面，会有“不想输给自己”“不想半途而废”这样的动机。

动机是“消极”还是“积极”，就像硬币的正反两面一样。例如，跑步和健走也不仅仅是因为“想要健康”，或许是因为“运动不足会导致亚健康”“为了肌肉力量不衰退”吧。

工作的动机不仅仅是“因为做的事有价值”，还可能因为“如果没有收入就很麻烦”，这些原因混杂在一起。

为了能持续行动，应该以“因为想这样做”“因为有好事发生”这种动机为主，同时也带着些许危机感，让自己朝着好的方向行动。

只要在紧要关头，懈怠的时候，偶尔鞭策自己一下“如果不做的话，就会失去一切”。

03

为了“想做的事”也要做“不想做的事”

我们希望尽可能“做自己想做的事”，但生活中总是会出现不想做但“应该做的事”。除了工作本身，还有家务、文件来往、衣物送洗、回复邮件、礼尚往来、订购电脑办公用品，等等，各种杂事。

不管“想做”还是“不想做”，都应该干脆利落地搞定，这才是最真实的感情。

本是“该做的事”却变成了“不想做的事”，然后置之不理，这样“该做的事”就会不知不觉堆积如山。

如此一来，越堆越不想做。

为了让自己尽早着手做“应该做的事”，我会问自己一些问题：

“你想做吗？你不想做吗？如果你真的不想做，可以不做。”

做不做，取决于自己的意愿。那么，到底要怎么办呢？

其实，几乎所有“应该做的事”，仔细一想都是“想做的事”。

比如，在工作中有文件往来，是因为你想工作，这当然是“想做的事”。礼尚往来是为了想让别人高兴。把衣服送去干洗，是因为想穿着干净的衣服出门……

这样你就会发现，“应该做的事”的另一面，是“想做的事”。

所以，为了“想做的事”，也去做“应该做的事”吧！

其实，在日常生活中，“非做不可的事”“不做的话就要大难临头”的事并不多。

我们还是要保持“因为自己想做才做”这样的主观能动性。

有朋友说，面对“讨厌的工作”和“喜欢的工作”二者都必须要做的时候，“当然是先从讨厌的工作开始做起”。

“先把讨厌的工作做完，剩下的事情就能轻松应对了。相反，如果把讨厌的工作放到后面，那就会影响精神状态。把喜欢的工作放在之后去享受吧！即使一开始觉得是讨厌的工作，其实一旦开始做了，就会发现也并没有那么讨厌。”

对于讨厌的事情，在你被事情追着之前，要先下手为强，把握主动权，干净利落地处理完会比较轻松。

另外一位朋友说，当你带着沉重的心情做“不想做的事”时，要学会加入一些“开心的事”作为奖励。

比如，你可以设定“这个工作做完了，就去泡温泉”类似这样的奖励。

当你想到沉重的工作之后会有好事等着，就会变得更加努力。

辛苦工作之后的快乐是格外令人享受的。

这不是每个人很自然就能做到的事吗?

一旦想到“今天有久违的约会”“周末有旅行的安排”，就会变得更加努力。

就这样把“不想做的事”和“想做的事”互相结合起来，你就会积极地付诸行动。

对于那些不能把“想做的事”结合在一起，只想着“不想做的事”的人，有一个好的建议。

那就是，尽可能放慢、放低姿态去试着做眼前的事情。

比如，手写传真发货单。首先，在自己的办公桌上把文件整齐地放在眼前，然后，谨慎细微、不急不躁地开始逐一做。想着“难得做一回这样的工作”，“不想做”的情绪就消失不见了。

如果只是在传真机旁边敷衍了事，内心的热情也会随之消失，“不想做”的情绪不会得到任何改善。

无论做什么都争取往好的地方去想，心里就会变得阳光积极起来。

想要转变消极的心态，只需在想法和行动上下一点功夫就可以了。

其实，“消极的心态”只不过是我们创造出来的幻想罢了。几乎所有这样的幻想都可以在行动的过程中烟消云散。

04

当你在“做”与“不做”之间犹豫时，应该选择“做”

人生中，对于想做的事情，你可能仍然会纠结“做还是不做？”

这种时候，不必太烦恼，选择“做”试试吧！

因为，对你来说，“做了”肯定比“不做”要更好。

如果你想得到自己想要的东西，那么“现在”“此刻”做出行动对你来说就尤为重要。如果不行动，等于什么都不会有。

有时候，身边也有人会对我说：“我也想像你一样写作，出书”。

他能这么说，我很高兴。就算只是说说而已，这也是一种积极的表现。

于是，我反问他：“你想写关于什么的书呢?”

他回答说：“写什么我还不太清楚，大概什么样的都可以吧！”

当然也有一些人有明确目标，比如想写“能让女性事业家庭兼顾的法则”这类主题。

当我继续问：“你现在开始提笔写了吗?”大多数人的回答是：“还没有，因为不一定要出书，所以不着急。”

原来如此！那我明白了。

在很多情况下，如果你连写什么都不知道，就更别提出书了。你可以试着先写目录，可以通过自媒体发表一些文章，也可写份企划书，然后征求周围朋友的意见……迈出第一步，这很重要。

当你做了这些事情，就能从中认识很多东西。

即使你还不能出书，别人听了你做的事，觉得“你是在做一件有趣的事”的话，或许就会有出版社的人对这件事感兴趣，给你投来橄榄枝。

虽说这种方式有点绕远路，但热忱地致力于自己现在的工作，进而受到别人的关注，也是一条可以选择的路。

总之，如果有想做的事，就先试着向前推进一步吧！

前段时间，有一位不知名的女性因为创作了一首诗而瞬间爆红，这位女性也因此成为畅销书作家。我有机会与她面对面交谈时，她告诉了我那本畅销书诞生的秘密。

最初是因为有人读了报纸投稿区的一首诗。虽然是一首很短的诗，但这个读者非常感动。这位读者恰好是出版人，马上联系这首诗的作者，让她写成书。

这本诗集鼓舞了很多人，后来还被拍成了电影。

总之带给读者无数感动，其中带来最大的影响，就是激发了90后女性开始写诗。

此前，作者大概做梦都没想到自己的书能出版问世。

当你还在犹豫“做还是不做”的时候，先试着迈出一小步吧！

被委派工作的时候，试着先回答：“好的，我去做！”

在犹豫要不要和人搭话的时候，尝试着先和人去搭话。

对什么感兴趣的时候，哪怕只是一点点，也要去尝试。

如果仅仅因为觉得“可能做不好”而放弃，你连试都没试，怎么可能做得好呢？

即便你只向前走了一步，这个经历也一定会让你记忆深刻。

就是这样一个一个的“实践”，才塑造了你，成就了你的人生。

当你还在犹豫“做还是不做”时，姑且把它看成是一个实验。为了证明可以做，先选择“做”怎么样？

05

学会整理

那些做事先后顺序明确，能立即行动的人都有一个特征，就是他们会把身边的环境打理得干干净净。

乍一看，似乎这两者之间没有太大关系，但打理好自己周围的环境，可以减轻身心负担。为了珍惜重要的东西，为了能马上付诸行动，“整理”可以说是很重要的一环。

有一位料理研究家朋友，在业内十分活跃，她就是一个很擅长简单思考、简单行动的达人。

“坚持尽量放空大脑”的她，不仅总能保持心态平和，工作不错，把家里也整理得整整齐齐。因为这样，她总能被自己喜欢的事物所包围，沉浸在舒适空间中。

她的座右铭是，不在整理上单独花时间。

快递或者从外面带回来的东西要立即处理。

家务和清扫作为日常工作，要在规定的时间、按照规定的要求完成。

邮件查收、回复也是一天一次。

像她这样简单明了的生活习惯，是怎么养成的呢？据她说，受曾经一起生活过的爷爷影响比较大。

爷爷的习惯就是，简单地做一些事。

“东西拿出来使用完之后就立即收拾起来。”

这样做的话，房间总是能保持干净，也不会发生到处找东西、丢东西这些情况了。

有时候，我们可能把“整理”想得过于难。

其实只需要你每次把东西都放回原处，谁都可以做到。如果当时嫌麻烦，到处乱放，反而会消耗你更多身心和精力。

实际情况就是，有人为了找东西，经常会花费很多时间，不是吗？

如果一直想着“找不到”，心里更是乱糟糟的，无法冷静下来，其他的事也会变得手忙脚乱。

现实的空间也是一个人大脑内的外化表现。

家里乱七八糟的人，大脑思路也很容易是乱七八糟的，不会分类处理问题。

不会定期断舍离的人，也不会对“需要的东西”和“不需要的东西”进行抉择，习惯于将东西放置不管。

一旦桌子上堆满了文件，就会无从下手，“到底该从哪下手为好呢？”

面对太多事务，很容易走神。面对重要的事，很难决定出优先顺序。如果想把所有的事都做好整理，就不要想多余的事，把精力集中在“想做的事”上。

一样，很难持续下去。

不管做什么，“做过头”都不好。

为了能“持续做事”，不要做过头很重要。

工作上也是如此。如果急于求成，专注力就会下降，行动跟不上，结果会不尽如人意。如果做过头，患上心理和身体的疾病，就得不偿失了。

努力工作固然重要，但休息好了，才会有力量。通过充足的休息，让自己始终保持客观冷静，或许还会发现别人没有发觉到的一些东西吧！

为了更好地面对重要的事情，需要有点“距离感”。

如果太近了，会变得很累。反之，太远了，又不能达成意愿。

比如女性，有时会在“家庭”和“工作”这两件大事上权衡，被迫做出选择。受到周遭氛围的影响，很有可能会舍弃其中一个。

反观男性，往往是工作优先，牺牲与家人在一起的时间和自己的时间。

也有的人“因为两者能兼顾，两者都能享受到”，这正是因为很好地掌握了“距离感”。

对于那些心理上患得患失的人来说，哪怕是在一些琐碎的小事情上，也会因为不能很好地掌握“距离感”而感到烦恼。

如果把精力只集中在一件事上，会影响其他事情。要在自己内心找到“合适的”“适可而止”的平衡点很重要。

假如真的别无选择，就试着把目光转向更为广阔的世界吧！

工作也好，家庭也好，游戏也好，人生也好，尝试着改变一下自己的视角，或许能收获更多的喜悦和乐趣。

为此，保持状态轻松很重要。

“内心坚强”并不是说要建立强硬、不服输的坚忍精神，而是要有一颗“柔软的心”。

即使有困难，也能保持适度的放松，寻找到快乐。

休息调整片刻，再前进吧！

第 5 章

不要把时间花在“不重要的事”上

01

大多数你认为应该做的事其实并不重要

有时我会和一些留学生面谈。

有一个Y同学，他在日本某著名国立大学工学部研究生院深造。

因为住的是学生宿舍，房租很便宜。他和其他学生一样，觉得好不容易来日本，日常除了学习，也会去参加酒会，去旅行，享受生活。

于是，他对指导教授提出想去便利店打工的想法，却得到了以下的回答：

“假如你现在就想在便利店打工，那你这辈子可能也就只是在便利店当个店员吧。”

听到这样的答案，Y想起来日本留学的初衷，于是他专注地做起了研究。

那位大学教授正是替Y着想，才会指出学生时代最应该做的就是学习。如果舍本逐末，忽视读大学的主要目标，就得不到想要的研究成果，最终也得不到想要的工作。

很多时候，事情进展不顺利，最大原因是优先考虑了不那么重要的事。

你是不是也这样？

“这个也想做”“那个也想做”，在日程表上填满了“待办事项清单”，为此忙得不可开交。现实中却随心所欲地刷着电视和网络上的视频，和不熟悉的人聊着无关紧要的八卦，把精力放在了眼前杂七杂八的事情上。

遇到这种情况，要提醒自己说：

“最重要的事不是这些吧？”

我们之所以会搞错优先顺序，是因为事实上那些并不重要的事，我们却错误地认为是重要的事。

也可能是因为我们习惯从“不重要但看起来紧急的事”开始做，导致“重要但看起来不紧急的事”被往后推。

看看日程表上的“待办事项清单”。

有没有不做的话，就会深受困扰的事呢？

其实，很多事即使不做，也不会让你感到困扰。

多数情况下，“待办事项”是出于个人习惯和假设，被添加到待办清单的。

只要重新列出“必须要做的事”，剩下的事根据自己的时间和精力决定是否要做，这样一来事情根据重要程度排出了优先顺序。

越是认真的人，越会觉得“这个要做”“那个也要做”“需要做的还有很多”。从而逼迫自己做更多事，导致内心很疲惫，完全没有一点空白和缓冲。

为了实现自己的想法，增加很多需要做的事真的必要吗？“这些增加的事”真的重要吗？

事实往往很遗憾，“逼迫自己做更多事”，并没有帮助自己成功。

要想实现自己想做的事，就要基于自己当下的状况，做“减法”而不是“加法”。

要拎清那些“不需要被重视的东西”，学会放手。

这样，“该做的事”自然而然就会摆在眼前。

打造坚定不移的自我，其实不需要太大的能量。

只要放弃“不重要的东西”就可以了。

不要再把时间浪费在不重要的事上。

人生虽长，但时间有限。

一定要把宝贵的时间花在重要的事上。

02

对讨厌的事说“No”，学会拒绝

我们之所以会把时间花在“不那么重要的事”上，原因之一就是“不会拒绝”别人。

当然，因为不会拒绝而勉强做了的事，不一定完全没好处。

但工作中不会拒绝的结果，就是被委托做更多的工作。

不会拒绝酒局邀请，结果就是得到了在别的地方学不到的“人生哲学”。

这些都是所谓的“重要的事情”。

因为不会拒绝，而在某些不喜欢的事情上花费大量时间，导致原本重要的事却没做好。是不是经常有这样的情况发生？

有的人是因为容易“随波逐流”，中途放弃了自己的想法。

但多数情况下，很多人是因为“善解人意”，总是优先考虑别人的感受，从而忽略了自己。

如果过于为他人着想而牺牲自己，等待我们的会是怎样的未来呢？

总是被人牵着鼻子走，从而变得烦躁不安。

不能实现自己想做的事，从而失去自信。

不能过自己想过的人生，到头来只有后悔。

变得爱抱怨，责怪别人，也责怪自己。

不拒绝别人，人生就会顺利吗？无论和工作伙伴、朋友，还是和家人、恋人之间，有时候也会因为说不出“No”而让关系变得别扭。其实，不光是为了你自己，就算为了对方，为了彼此之间的关系，学会拒绝也是必要的。

人际关系中，懂得换位思考很重要。

对自己负责，同样重要，甚至更重要。

说到底，为什么我们说不出拒绝的话呢？

也许是出于“不想给别人添麻烦”“不想让别人失望”，或者“不想被讨厌”这样的自我保护。如果我们只关注拒绝带来的负面影响，“恐惧感”就会不断增强。

“拒绝”对双方来说，都不会有好心情。

如果拒绝“让人觉得不舒服”，那就要接受不管再累也要做完的事实。

事实上，那些你认为很重要并接受的事情，只是你的错觉而已。

如果拒绝，对方也能接受。

倒不如拒绝，说不定能给你带来好的结果。

据一项研究表明，普通人每天脑海中思考和闪过的念头最高可达6万次。就算有人一天能有10次想起关于你的事，比起一天6万次，也只是微乎其微。

你要知道，让你产生无法拒绝的“恐惧”只是你的错觉，这样想拒绝对于你来说就变得容易多了。

如果你很容易被各种各样的事情牵着鼻子走，可能是因为自己不确定哪些才是重要的事。

想要毫不犹豫地说出“No”，先要在自己心中树立一个重要的“Yes”。

也就是，如果下定决心“只想做这件事”，那么与此无关的事情，就可以用“No”来舍弃。

“话虽如此，但心太软，很难拒绝……”有这类想法的人，我可以告诉你三个很实用的拒绝技巧。

第一，要干脆明确地说：“这一次很难办！”

下次再拒绝的时候也是说“这让我很为难”就可以了。

当然，在某些情况下要根据对方是谁，给出一个合适的理由让对方信服。但大部分情况下，不需要做过多解释。

第二，当对方说“无论如何都要拜托”，就要附带条件地提出“如果怎样的话就不可以”来拒绝对方。提出要求（对方办不到的事情），让对方看到妥协，这样更容易拒绝。

第三，说“对不起，好像有点为难”之类的话，表达一时歉意，自己也不会有过多罪恶感。不要啰啰唆唆拖太久。不经意间转移话题也未尝不可！

如果按照以上这么做了，还有人说长道短，就大可以完全不用管了。

比起这些人，请珍惜那些真正尊重你的人吧！

03

关注自己，
不要总想着和别人比较

最近，我的生活变得无比的轻松。

坦白地说，20～30多岁是我生活非常痛苦的一个时期。

痛苦的原因之一，就是经常把自己和别人进行比较。

大学毕业后我进入一家公司，半年后就辞职了。虽然说“最好的状态就是选择让自己快乐的工作”，但实际上，接二连三地跳槽带给我的是自卑。

和好久不见的朋友见面，对方问的也是“你现在在做什么工作?”我总是在不同领域尝试，更换工作。每当朋友这样直接问，我总感觉无意间心灵受到了创伤。

在这十几年的时间里，我不断见证着朋友们结婚生子，看着朋友们在职场上有了自己的立足之地。有时也这样安慰自己，“别人是别人，自己是自己”，但还是有一种拖后腿的感觉。

别人会怎么看待我？

不觉得我很奇怪吗？

我现在这样好吗？

就这样，在犹豫和烦恼中，我又花费了大量的时间。现在想起来，正因为有那样一个迷茫期，我才会走上写书这条路。

“不管怎么样，那是自己的人生。按照自己想要的方式去生活吧！”我不应该太关注别人的外部评价，而应该关注自己的内心。无论自己是什么样，接受自己。如此一来“想做的事”“不做也可以的事”都变得清晰起来。生活也变得轻松了！

我在写处女作的时候，读了一些其他作家的书，不得不感叹“他们的知识真渊博啊！”“懂得很多艰深的语言和深奥的道理！”但我从没想过要和他们写一样的东西。

在经历了多次跳槽后，我明白了一些事情。那就是正因为知道“自己知识浅薄，也不懂艰深的语言”，所以我要写一些对上班族来说实用的书。于是，我开始专注于这件事。

在中国台湾留学的时候，因为能说一口流利的中文，留学生伙伴都称赞我“好厉害！”大家经常用崇拜的目光看着我，其实我并没有想专门研究汉语。

我认为在大学，更应该重视的是自己的研究课题。

我并不认为与他人比较本身是一件坏事。

反而可以通过比较来认识自己。

我们从小就是在和别人的比较中长大的，和别人比较是再正常不过的事了，比较心理总是在不知不觉中产生。

有人为了达成“营业额全国第一”的目标而努力。有人在同事之间比谁更有工作能力，把工作交给谁更好。

比较和被比较，注定是生活在这个社会上的一种宿命。

但也没必要为此心情低落。

毕竟比较只占我们生活中极小的一部分。

还有一些人习惯以自己的认知为基准，总爱说“现在的年轻人啊……”这类说辞。如果我们总局限于自己的认知，认为世界上只有“优秀和差劲”“赢和输”之分，那这种世界观就太狭隘了。

人生下来，是要与更广阔的世界对话。

如果你想过自己想要的生活，就不必太在意他人，不必总想着与人攀比、与人竞争，也没必要通过与他人的比较和评价来决定自己的价值。

每个人都是独特的，你没必要一定要获取别人所有的特质。

你应该按照自己的节奏走自己的路，这样才能收获自己的闪光点和成果。

关注自己的内心。

“我这一生，到底想做什么?”围绕这个主题，不断地向内寻找答案，不断地努力提升自我。我们的人生挑战不是来自外部对手，而是应该不断挑战和挖掘自己内在的无限可能。

04

换个视角
看待无法控制的事

“我的上司对我所做的工作，从来没有做过什么评价。”

有位女性朋友这样叹息到。

这个烦恼时刻困扰着她。她总在朋友们面前抱怨，回到家也总想着这件事，一直为此焦躁不安。

我对她的回答是：

“你根本无须为这件事而困扰。烦恼也是白搭！”

怎么评价你所做的工作，这是对方的事，你无法左右。

如果你真的很在意，觉得“全公司只有自己没有得到评价”，你可以试着换个角度，“不被评价”可能也是个不错的结果。

如果你发现自己工作中存在问题，主动改正就可以了！

如果“工作本身没有问题，可能仅仅是上司不喜欢我”这种情况，反思一下你平时对上司的态度，是不是也表现出一副逃避和厌恶的态度。那肯定不行，要改正了！

如果没有得到评价是因为上司的性格和价值观，那你再怎么反思也是徒劳。

想要改变自己的性格很难，而且完全没有必要。

不要再纠结，不要管就行了。

做好自己，做自己力所能及的事就行了。

我们总是无法专注于重要事情的原因之一，就是无法控制自己胡思乱想。

例如，成天在眼前晃来晃去、无所事事的同事。

无法接受公司的方针政策。

前男友做过的蠢事。

被朋友说了一句严厉的话。

……

这些都是“无法控制、无法改变的事”。如果心里一直耿耿于怀，只会让心情更加沉重。

为了宣泄、排遣这种压力，你不仅要花费宝贵的时间和精力，可能还会花一些没必要花的钱。

而且，即使你这样做了，现实也不会有任何改善。

为了顺应对方，你有必要付出这么大的代价吗？

再看看“无法控制的事情”和“可以控制的事情”：

无法控制的事，就是改变不了的事，是“别人的事”“过去的事”。

可以控制的事，是可以改变的事，这才是“自己的事”

"现在需要做的事"。

"无法改变的事情"想得再多也只会徒增烦恼。你可以选择"忘记"，也可以"听取合理的解释后继续行动！"

如果总想着"要是不那样做就好了"而一味沉溺于后悔的情绪中，即使你一直想着过去的事，时间也无法倒流，事实也无法改变。

如果转换想法，"即使结果不好，我也从中学到了东西"，坦诚地接受现实！

从无法改变的人或事中，哪怕只找到一件"好的事情"，也会让我们更容易继续向前。

"即使是那样的人，也帮助过他人""正因为发生了那些事，才有了现在"，像这样试着转变思路和想法。

面对无法控制、无法改变的人和事，学着释然，让它成为支撑着你活在当下的"有用的材料"。

05

经常重新审视目标

专注于眼前的事很重要。

需要注意的是，不要把“手段”和“目标”混为一谈。

不要因为只关注眼前的小事，而忽略了全局。

为了完成重要的事情，注意力要始终集中在自己的目标上，持续坚守，保有初心，这一点非常重要。

你是不是也有过类似的经历？考试的时候，只热衷于“复印”笔记，把笔记整理得干干净净，感慨自己“今天真努力啊！”

的确，为了考试花了很大的精力，但这对“取得好成绩”的目标并没什么实际成效。

因为你只注重“手段”，忽略了“目标”。

在工作中，将“手段”和“目标”混为一谈也是常有的事。

例如，在快餐店，如果员工只是按照员工手册行事，招待客人，看起来好像很“热情”，事实上却没有一点自然的笑容，给客人的感觉并不舒适。

手册只是一种为顾客提供舒适服务的一种手段。如果本末倒置，遵守店规成了目的，反而把最重要的“目标”忘了。

我们在做事的时候，有时也会走错路。

有时会脱轨。

有时会偏离方向。

有时目标也发生了变化……

为了不发生这种情况，有一个方法：

从你最初想做某事开始，不要把注意力从“目标”上移开。

“不忘初心”，回到最初起点吧！它会指引你走上正确的道路。

我有一个单亲妈妈的朋友，为了照顾三个在上初中和高中的儿子，坚持每天做早餐和中午的便当，晚餐也一定要亲手做。

她每天下班要赶回家做饭，很不容易。所以她变得烦躁不安，脸色也渐渐变得阴沉，甚至有时家人一起吃饭时几乎都没有对话。

有一天，她突然注意到“这样下去对孩子们并没有好处”，于是提议“今天我们出去吃饭吧！”

这样的提议，让孩子们非常高兴。

“因为早上要准备上班，手忙脚乱的，今后早餐和中午的便当由你们自己做，吃完也拜托大家要各自收拾清理干净哟！”

孩子们很爽快地答应：“好啊！”

一家人一起吃饭、一起分担家务，对话逐渐多了起来，家人们脸上也恢复了往日的笑容。

以前她会因为自己是单亲妈妈而深深负疚，为了不给孩子们增加负担而努力着，但真正能让孩子们高兴的其实是妈妈的笑脸。

目标只有一个，实现目标的方法是无限的。

虽然坚持自我、“遵守已经决定的事”很好，但如果发觉哪里“稍微有点不对头”，懂得适时变通，灵活转变方法才好。

只要不迷失最重要的目标。

瞄准目标行动，不随波逐流，是最重要的。

不要忘记自己有“想做这件事”“想成为这样的人”的大目标。

06

转换视角，偶然试着抽离现在的位置

我询问一位长期不请假的公司职员朋友：

“为什么你从不请假呢？”

“因为上司是个工作狂，摆着一副令人讨厌的面孔。上司成天在公司从早待到很晚，永远不给我休息时间，所以我想回家也回不了，想休息也休息不了。”

“那这个上司除了工作，有没有其他兴趣爱好？他不运动吗？”

“除了工作，他好像什么都不做！正因为没什么事可做，连休息日他都会来公司。”

虽然这可能会导致办公室关系紧张，但是这种情况发生在职场，已经成了一种默认的潜规则。

我以前工作的时候，也遇到过这种工作狂类型的上司，所以很清楚。

那时别说熬夜干活，就连通宵加班都是经常发生的事。

其实很多时候说白了就是“在无效工作”，在“不那么重要的事”上花费很多时间，一开会就是好几个小时，浪费了很多时间，却从来不反省。

身处在这样的工作状态中，这些都变得理所当然，一旦提出异议，都被认为是“恶意”。

有段时间，我想的也是“社长还在忙着，部下却下班了，太不好意思”，所以一直陪在旁边。终于有一天到达了极限，我突然意识到自己这么想是不对的。

“这位社长是一个享受忙碌的人，忙碌让他充实而高兴。但我一点也不高兴，所以我要下班了！”

对我而言，我还有别的事想做。为了实现正常下班，不管别人怎么说，我都要用行动让他们看到我的态度。

一开始，他会露出“啊，你要回去了吗?”这样的表情。我会微笑着说:“您辛苦了!”然后选择离开。没过多久，这对我来说就成了很平常的事，很快习惯了。为了不随波逐流，我们应该明确地表明自己的态度。

有的时候，我们会因为适应了当下的环境，而感到安心。

例如，工作圈、朋友圈、一个小范围的圈子……但如果拘泥于这些狭小的圈子带来的价值观和常识，而找不到自己的目标，很容易随波逐流，最后会发现得不偿失。

只着眼于眼前的事物，没有喘息停歇地过着每一天，没有时间审视自己，也不再关心事情的优先顺序，渐渐地我们的内心就会变得荒芜。

为了避免这种情况发生，每天用一点时间来调整我们的心态很有必要。建议在一天当中哪怕只抽出一点点时间，也要与自己独处。

那些越是一天24小时，整天和家人、同事在一起的人，越需要一点独处的时间。在轻松自在的心情中，试着和自己对话:

“哎呀，那一点没那么重要，不考虑也可以啊！”

“还有更重要的事哟！”

“你到底想干什么？”

……像这样的问题。

这样的话，有助于我们从客观的角度看待自己，帮助自己看到全局。

从物理的角度来说，暂时抽离你现在的位置也是不错的选择。

有时候，你可能需要远离现实，去一个陌生的地方，接触一下大自然。

“客观看待事”“站在高处俯视全局”，你的烦恼就会变得微不足道。

第 6 章

做你想做的事，会有奇迹发生

01

能创造奇迹的人，是把时间花在重要事情上的人

你可能会认为，所谓奇迹是偶然带来的超常现象。

其实，在日常生活中，经常会发生我们想称之为“奇迹”的事：

“那个人居然考上了那么好的大学！”

“那个人居然能取得这么大的成功！”

“那个人竟然能和那么优秀的另一半牵手！”

“那个人居然能挺过那次危机！”

“那个人竟然把那件事做成了！”

类似这样的事情。

究其原因，是因为“那个人”采取了能够创造奇迹的行动。

成功包含着无法解释的偶然因素，如果想成功，却没

有行动，肯定不会有奇迹。

能创造奇迹的人有一个共同点，就是“优先做自己想做的事”。很多人总是把时间和精力分散在不同的方向，但能创造奇迹的人就是一个劲在想做的事情上倾注精力。所谓“走运”，或许就是这种祈祷时一样的虔诚，在某种程度上推动着奇迹发生的吧！

我曾因观看纪录片《这就是奇迹》感动到颤抖。它讲述的是一位在游泳界打破近30个世界纪录的日本女性，在她100～104岁期间又刷新出“百岁高龄游完1500米”的世界壮举。

称其为奇迹，可能有点失礼。

因为在这个过程中，她经历了非同寻常的努力和挫折。

她的人生有巅峰，也有低谷。丈夫在53岁的时候去世，为了排遣孤单，她开始学习能乐[①]。

由于膝盖不好，一心想坚持学能乐的她，为了做康复疗养，在80岁的时候开始学游泳。经历了多次失败和不

① 一种日本古典戏剧。——译者注

断尝试后，她终于在85岁的时候刷新了日本新纪录。在世界级的比赛上，她一次次出场，不断刷新着自己的记录。

她一直工作到94岁，现在还是一个人生活，每天背着沉重的背包购物，做很多营养料理。

她说："拿银牌没意思，要拿就要金牌！"就这样，即使她已经获得银牌也还是不满足，绝不服输。

后来她用"100岁游完1500米"又一次创造了奇迹。正因为她经历了这么多，才不会轻易依赖别人，总是能获得身体和精神上的正能量。正因为"做了那么多事"，才有奇迹在她的身上发生吧！

正因为她把"想游到105岁"定为目标，并以此为生活中心而努力着，时刻保持紧张感，有规律地生活，才养成了健康的身心。

说实话，游1500米真的很累很痛苦。但最后获得胜利，收获的是最美的笑容。

人最大的幸福，不是财富，不是名誉，也不是快乐，而是能够真切地感受到自己生命存在的价值。

奇迹，不是违背自然规律。

奇迹，是遵循自然规律。

这其中一定有它的理由。

所以，坚持做你想做的事，奇迹就有可能会发生。

你的人生，同样也会有奇迹降临。

如果你想完成自己想做的事，试着按照“预想成为的样子”来行动。

在重要的事上，投入足够多的时间和精力。

只有这样，你才可能得到你真正想要的东西。

能够创造奇迹的人，是相信一定有奇迹发生的人，是不断前进的人。

明确想做的事，从现在就开始做吧！

02

能创造奇迹的人，也是相信奇迹的人

能创造奇迹的人都有一个共同点，就是对奇迹深信不疑。

很多人一开始会觉得“要能成为这样就再好不过了”，但也会想“不可能吧！”

最后就是草草了事。连自己都不相信，奇迹自然不可能发生。

而且，刚想到“不可能”，马上就会联想，觉得自己“因为没有能力，所以做不到”“因为没有钱，所以做不到”“因为没人帮忙，所以做不到”，等等，从而被“没有××”的想法所迷惑。

如果总是抱着这样的想法，即使有想做的事情，也不会顺利。因为他只想着“果然不可能如愿以偿吧”“能创造奇迹的人，肯定不是普通人”，思想被这种不自信的想法所固化。

创造奇迹的人想的是“只要去做，总会有办法”，以此为前提，各种各样的支持就会源源不断地聚集到他们面前。

也可以说，自我肯定的心态会引发奇迹的浪潮。

我有一位朋友，他的经历堪称是一个奇迹。一开始他经营的是一家一宿大概3千日元的温泉旅馆，后来发展成为一宿30万日元以上的高级度假村。

50年前，在温泉旅馆陷入困境的时候，他曾说道："我想打造一个令所有人都会怀念故乡风土人情的度假村。"于是，他复制了茅草屋顶的古民居，建造了一座昔日村落般的旅店。这成为温泉旅馆受欢迎的起因。

之后，也就是20年前，他买了13个东京巨蛋那么大的一块地，自己开垦竹林和杉树林，在那里只建造了5栋别墅。

"一座山只为一组客人""别墅没有隔离墙，可以体验与大自然浑然一体的感觉""所有食材九成都是自给自足，配有顶级厨师"，等等，这些令人无法想象的服务，抓住了很多客人的心。结果就是想入住这里，需要提前好几个月预约。

所有人一开始都认为"事情不可能做到"。他能把"奇迹"变成现实，因为比起"只要做好什么就可以了"，他更相信"这是非做不可的事！"

为客人所需、为当地人所需、为世界旅游业所需、为当今时代所需……正因怀抱热情而行动，工作人员也一起团结行动起来，甚至当地银行、大型航空公司，再到当地政府都在行动。

我问过那位社长朋友："想做的事都做了，没有什么后悔的吧？"

他回答道："不，还是有的！虽然我做什么都能尽力去做，但现在回过头来看，当时想得还不够充分。我想，如果再考虑得周到些，肯定会有更好的东西呈现出来的。"

这是他的答案。那个时候他竭尽全力考虑到的，现在他再看，仍旧觉得不够。可能就是因为这种不满足，不认为"这样就足够了"，所以他一直在思考，不断在挑战。

那些做着奇迹般事情的人，他们一边有着"清晰"的想法，一边又有着"深刻"的烦恼。并不是"做不做"这样的烦恼，而是"怎样做才能实现那个目标""能不能做得更好"这样的烦恼，是为了能够找到更好的方法、树立前景的烦恼。这种烦恼，直到设想变成现实才会停止。

不管什么事，人都可以自由地发挥想象。

而且，谁都有可能把想象的事变成现实。

即使看起来是不可能的事，只要认定“无论如何应该都能做”，就有可能做成。如果总是想着“不可能”，就绝对做不到。如果认为人生是美好的，就会变得美好；如果认为人生是无聊的，就会变得无聊。人们想象未来，相信未来，期待未来，只有相信并付诸行动，才能自由地创造自己的人生。

有信念的人才会取胜。让我们尽情地描绘自己的未来吧！

03

能创造出奇迹的人，都是心潮澎湃能看得见方向的人

“能发挥出非凡的力量”“活得很开心”的人，我们称之为幸福的人，他们都是受“兴趣”和“好奇心”的驱使而行动的人。

人们对自己感兴趣的事、想做的事，会主动思考、主动行动。

如果对想做的事充满了好奇心，即使不努力，也会自然而然地产生力量。

有的人“怎么也无法找到为之沉迷的事”，只能说明他现在所做的事，并没有打开他的好奇心。

如果是不感兴趣的事，无论怎么劝说，恐怕也还是很难产生动力吧！

判断自己对什么样的事感兴趣，只要考虑一下至今为止你“对什么很关注”“在什么上面花费的时间最多”，就很清晰了。

例如，对时尚感兴趣的人，会很喜欢看时尚杂志，喜欢购物逛街，会观察街上人们的穿着打扮。

对食物感兴趣的人，会边走边吃，也可能会自己动手做，查询各种关于食材的故事，还有可能去上料理课学习。

朋友中有一个叫M的男人。

M在小学的时候，经常被欺负，全科成绩都不及格。

中学毕业的时候，连九九乘法都不会。

初中毕业后，他成了一名木匠。后来父母双亡，他辗转于建筑工地等地方。

23岁的时候，看了恋人带来的阿尔伯特·爱因斯坦的录像，他感叹“竟然有这样的世界”，顿时对物理学产生了浓厚的兴趣，决心要上大学。

他从非全日制高中考上了日本著名的国立大学，一直读到研究生，致力于宇宙物理学的研究。36岁的他，成了母校的高中老师。

现在，他基于自己的亲身经历，撰写书籍，进行公开演讲活动。

听他的经历，像电视剧剧情一样，令人难以置信。

我相信，为实现自己的目标，他一定付出了巨大的努力，但我从他身上完全看不出这种拼命的努力。

在他身上，只看到一种“做了我想做的事”带来的愉悦感。

好奇心旺盛的人有一个共同之处，就是他们的毅力都很强。有时候即使做了没结果，总是受挫，也会抱着“前方一定有好东西”的心态而继续努力。正因为他们有这种

毅力与信念，才很难放弃吧！

如果想让自己的梦想和目标变成现实，就要找到能让自己能量溢出的“源泉”。

为此，要坦诚面对自己的内心，珍惜自己“想看看”“想知道”“想试一试”这些令人兴奋的念头。

找到自己感兴趣的方向，优先做哪些事，自然也就明白了。

没有什么能比“做自己想做的事”更幸福的了吧！

如果你发现了能让你兴奋和好奇的东西，那就意味着你拥有了驱动你行动的目标和力量。

只要能让我们保持兴奋，新的大门就会接二连三地打开，我们就会继续前行。

如果感觉“马上就要放弃了”，不要硬逼自己，转移注意力，展望一下你所做事情的美好前景，想象一下事情成功后带来的喜悦。

朝着光照进来的方向持续行动，想法一定会变成现实。

04

能创造奇迹的人，都是在行动的人

有“好奇心”和“兴趣”是件好事，有人可能会说“找不到让我兴奋的东西”“虽然有想珍惜的东西，但没有干劲”……

如果你是这样的人，姑且先动起来，先试试看。

只要行动起来，就会遇到“打动你的东西”。

“真有趣”“原来如此啊”“真厉害啊”……

如果经常发出这样的感慨，那么你“发现有趣的东西”的感知力就会不断得到磨炼和提高。

这种感知力，可以说是人生存的力量，也可以说是享受人生的力量。

不管是谁，从孩提时代天生就有这样的感受。

只是成人世界充斥着各种各样的事情，感受就被遗忘了。

在现代社会，即使自己不想感受，也可能被某种东西一次次刺激；即使自己不思考，也能从别人身上得到很多自己收集不到的信息。

打开电视，或者在网上搜索，会发现，这里充斥着我们不知道的商业世界，被狂热追捧的流行事物，以及世界的新动向。

千万不要觉得自己看到了就明白了。

比如，我们看旅行指南，那只是一本书，只是一个入口而已。

如果不去现场，根本不知道是什么情况，也没有真实的感受。

如果去了现场，你会发现“为什么会这样?”“原来是这样!”心里的疑问会一个接一个地找到答案。

在与人的一次次相遇中，去体会让你感动、值得学习的地方吧。

也有人在商业活动中不断成长，并且非常重视这样的“场面”和“体验”。

据说有一位保险公司的女性销售，为了提高销售额，热衷于参加研讨会，研究销售话术，制作漂亮的企划书，等等。

但是，销售额并没有增长，有一次，她突然意识到："应该多去现场了解一下情况，磨炼自己的感知力，这才是首要的吧！"

于是，比起表达自己，她开始更努力地仔细聆听对方。

如此一来，"对方的需求是什么""说什么话，能引起对方的兴趣""说什么话，才会被吸引"，等等，这些她都很清楚了。

之后，她的销售额迅速增长，成为公司在全国区域的销售冠军。

感知力如果能直接得到，就不需要靠磨炼了。

感知力需要用看、听、触、尝、闻五个感官，在现场感受，才能够磨炼出来。

比如，在与各种各样的人接触中，就能通过感官明白一些事情，像"这种类型的人，还是保持距离感比较好""这种类型的人，只要仔细说明，就不会有太大的纠纷，会理解你的"，诸如此类。

这样的"规则"，只有通过亲身经历才可能意识到，才能在自己心中留下深刻的印记。

假如人生是场游戏，如果你想让游戏变得精彩，让自己快乐，就有必要了解各种各样的“规则”。

世界很大，未知的东西很多。试着将目光投向那些让你兴奋的事情，你一定会找到让自己感动的东西，从而积极行动起来。

感兴趣的东西、想学习的东西接二连三地冒出来，顺理成章地，你就想行动起来了。

如果你能立刻行动，时刻感知世界，前方的道路会自然而然地为你打开。

05

能创造奇迹的人，不会找借口

能创造奇迹的人，是不找借口的人。

因为他知道，找借口没有任何好处。

即使是对别人，也不会对“没做到的事”找这样那样的借口。

迟到的时候不会说“电车晚点了”，该提交的东西到了截止日期还没交，也不会说“最近太忙了”之类的借口为自己辩护。

做不到的时候，只说一句“对不起！”

在你为自己想做的事踏出第一步的时候，就不要给自己找任何借口了。

只要归咎于什么原因，就绝对无法实现自己的想法。

在我见过人当中，有一个人我觉得是“奇迹般活下来的”。她是一名日本女摄影师，50年前去过美国、古巴、非洲，持续拍摄民权运动，并在当地生活过。

我试着询问了这位现在已经年过80的女性：

“在1美元等于360日元的时代，在一个非洲很难去的时代，为什么你会选择去？”

“因为当我说了要去那里拍照的计划之后，有几家公司都表示支持我。”她说。

“当一位日本电机制造商的社长问我：‘你能采访古巴的革命家吗？’我回答说：‘当然可以！’随即我用3个月时间学会了西班牙语。采访时，我还带了一台日本制造的晶体管收音机作为礼物。”

回忆到在信息闭塞的非洲西部，她一个人进行旅行采访时，患上了黄热病，当时面临生命危险。

即使日本来电报表示：“回国吧！”她也回复说：“不回国，要继续旅行！”

无论眼前遭遇了多少危险，都能幸存下来，那是来自她“这件事情既然决定要做，无论如何都要做到底”的信念吧！

当我问道她：“为什么你会有这样的勇气？”竟得到了意想不到的回答：

“因为我是鹿儿岛的女人。”

包括我在内的鹿儿岛女性，恐怕没有人会以此为自信的依据吧！做不到的理由、放弃的理由应该有很多，但一直坚持“鹿儿岛的女人很坚强，应该能做到”这样的信念，这让我感受到当头一棒般的冲击。

如果我们问创造奇迹的人“做吗？”“能做到吗？”即使条件还不充分，他们也会回答“做！”“能做到！”乘着这样的海浪，试着走到能走到的地方。当到达那里时，还会有更大的海浪袭来……在这样的反复中，就会到达一般人都到不了的地方。

他们有个共同点就是，坚决不找借口。再难办的事，无论如何也要把它做完。

如果对能力范围内的事都百般辩解，“不行！”“做不到！”那么你前进的步伐也就到此为止，再没什么突破了。也不会再有人委托你做什么事了。

我总爱给自己找理由，想法从“因为什么理由”变成“没有什么理由”“没有借口”之后，我的人生发生了180度大转变。

这并不是说我对自己要求有多严格。

因为事情无从下手而心存郁结的时候，我会想“如果找到处理事情方法，不管怎样都要试一试”，这样心情就会变得轻松，事情也变得有希望了。

想要为“做不到”找借口，接二连三能想出来很多。

“因为忙”“因为没钱”“因为年纪大了”“因为没有能力”……

在做事的过程中，如果有所担心，先不管它，继续启程。在做的过程中，总会找到解决办法的。

当然，也有做不好的、做不到的事。

这时就要考虑，“接下来该怎么办呢？”

如果“无论如何都想做”，那就用新方法再尝试做一次。

该修正的地方修正。累了的话，暂时休息一下也可以。

在这样或筛或推或拉的过程中，梦想和目标的轮廓就会清晰地呈现出来，离我们越来越近。

不找借口，自己掌握人生的方向盘，百分百接受现实，并加以利用。

例如，当你经历了巨大的失败，但并没有“因为失败”而气馁，觉得自己什么都做不好。而是想着“现在出错，太好了。否则，以后会遇到更大的麻烦”，应该往好的方面去考虑。

即使被别人批评，也不会说：“那我不干了！”而是表示：“原来还有这样的思路，我又学到了，太好了！”

虽然有时会失落，有时会生气，但如果能尽快调整，继续向前走的话，心情会渐渐变好，行动也会跟上来。

如果自己能想通，“这样就行了”，就会继续前进。

如何接受一件事，这很大程度上影响着接下来的行动。

如果归咎于某个理由，心里有负担的话，是不可能发挥出力量的。

运气是聚集在想要前进的人身上的东西。

如果想实现自己的想法，不管遇到什么事，都要跟自己轻声低语“这样也很好！”然后继续前进！

06

能创造奇迹的人，即使跌倒也能重新站起来

“明明是想做的事，却坚持不下去”“一遇上什么事，就想立刻放弃”……这样的人不会预想到“不好的一面”，只预想着事情会顺利进行下去。

但是，没什么事能简单顺畅地往下走。

也没什么事能尽善尽美。

因为正在做的事都是我没做过的。

能创造奇迹的人，都明白“出现不如意的事，是前进过程中不可避免的”。

即使中途绊倒，他们也会认为“这种事时有发生”，然后继续往前走。

比起总想着“不要绊倒”，“即使绊倒也要站起来，淡定地继续前进”才是最重要的。

没有人喜欢被绊倒，但要学会从绊倒中学习和成长。

如果不能实时克服困难，就无法成长，会有更多不懂的事情。

找到成功的方法，意识到为什么会失败……不仅要学习这些通俗易懂的方法，更重要的是学习和磨炼一种感知力，即不为琐事所动摇的坚定信念和前所未有的广阔视角。

如果你有想做的事、想实现的目标，在被绊倒的时候，试着这样想想，“也有这样的事”。

磕磕绊绊，说不定也是“机会”。

环顾你身边的人。

人生中，越是经历过磕磕绊绊，越是体验过紧要关头的人，就越会成长。

话虽如此，绊倒的时候，还是很痛苦。为了不让你过于痛苦，这里有三种应对方法：

首先，分离“感情”，只考虑“解决问题”。

不能着急。要像看别人一样，客观地看待自己，试着用“也会发生这样的事”的心态看待问题。

如果我们主观地看问题，会被恐惧和不安的情绪困住。

所谓“客观”，也类似于“乐观”。

“该怎么办呢？”只有努力解决眼前的问题，才能乐观地前进。

其次，借助别人的帮助。

如果自己做不到，就去问问那些拥有智慧的、能做到的人吧！即使找不到解决问题的方法，在交谈的过程中，心情也会变得轻松。“要是这样做的话就好了”，像这样客观地看待自己，问题有时候会迎刃而解。

最后，借助幽默的力量。

越是这种时候，越有必要寻找快乐和幽默。基于现在自己的处境，和同事、家人聊一聊这些有趣的话题，也未尝不是一种享受，把自己的困境像看小品一样笑出来也不错。幽默，是无论遇到任何情况都能帮助你坚持下去的力量。

我有一位30岁左右的白领丽人朋友，投资了5000万日元，全赔光了。

虽说是5000万日元，但不是现金，只是一张借条。

此后，她一直把“偿还5000万元债务”作为生活的首要目标，因为她“不想逃避”。

虽然一开始她也很绝望，但很快她取得了金融规划师的资格，换了工作，遇到了像导师一样值得尊敬的上司，5年她就还清了债务。

现在，她抱着“不想看到更多像我这样，因为钱而受尽烦恼的人”的初心，举办研讨会，活跃于社会各界。她说，有时看起来是磕磕绊绊的事，其实可能带来巨大的“机会”。

考验，听起来就很辛苦，但人在接受考验的过程中学到的东西不可估量。

不用害怕。

无论绊倒多少次，人生都可以从头再来。

身处漩涡很辛苦，但穿过困境，你会看到此前从未看到过的风景。

07

能创造奇迹的人，
懂得珍惜重要的人

“奇迹”并不是靠一个人就能产生的。几乎没有哪一件事是只靠一个人就能完成的。

饮食、生活、工作、游戏……或许是因为之前很多人已经奠定基础，建立了逻辑关系，所以才能做成。“运气”也不是从哪里飘来的，而是靠各种各样的人际关系积累带来的。

我能写作就是一个“奇迹”，而且写的是关于自己的事。其实我从开始写书，这十几年来，我觉得“奇迹”好像一直都在发生。

能创造奇迹的最大原因是受惠于相遇的人。

假如你能珍惜“重要的人”，说不定就会有奇迹发生。

我以作者的身份出道，契机是在旅途中遇到了出版社社长。当时我的志向是当记者，所以没想过要和经营商务书籍的社长有工作上的交集。

即便如此，对我来说，他是难得一见的值得尊敬的人，所以我很“珍惜和这个人的缘分”。在偶尔联系和见面中，我决定让他来出版我的处女作。

现在想起来，我这样一个知识和经验都不够丰富的无名之辈，能出书真是一个奇迹。

还有一些朋友，是电视节目和书中提到时都很尊敬的人物，我有幸与他们见面、一起工作，都很尊敬他们。

还有一个和我一起工作，守护我的人。他经常这样问我：“你要不要试试这样的工作？”“你要不要试着见一下这样的人？”他总是默默为我创造很多机会。

前几天又发生了一个可以称为“奇迹”的事情，一个网红博主主动推荐了我的书，我对他感激不尽。之所以会发生这样的奇迹，跟参与书籍制作和销售的人分不开，跟一直以来支持我的家人、朋友和读者也分不开。我甚至想握住每个人的手道一声："谢谢！"

奇迹，总是以人际关系"这片田"为基础，只要好好耕种，就会开花结果，收获可能连自己都会吃惊。

即使你拥有非常出色的能力，如果不关注人际关系这片田，可能也不会有很大的收获。

不重视别人，周围的人也不会重视你，渐渐地人们会疏远你。那些对别人冷漠、傲慢甚至粗鲁的人，周围的人怎么可能会有"想为他做点什么"的心情呢？

对方的态度其实就是自己的一面镜子。不被周围人重视，可能是因为自己也不重视周围的人。

虽说要"珍惜他人"，但并不是对谁都无原则地好脸相迎。不是牺牲自己，对对方的话言听计从。

注意，对待任何人都不应该失礼。即使不喜欢，也不要给对方留下令人不快的印象，至少要礼貌对待。

像不打招呼、不回应、看人下菜碟、举止傲慢等这些失礼的行为随处可见，大多数情况是因为不考虑对方的感受，以个人得失和立场来判断人，才会有这样失礼的言行。

对眼前的人，不管对方是什么样的人，都要有礼貌地传递出“我很珍惜你”的意思。

另外，也要尊重年纪小、地位较低的人，记得对他们表示感谢和敬意。

如果你因此而被讨厌，那是对方的问题，不用理睬就好了。

第二个要点是，看着对方的眼睛，在轻松愉快的氛围中去交谈。

不管你多么珍惜对方，如果不通过语言和态度表达出来，别人是无法感受到的。

看着对方的眼睛说：“和你在一起很舒服！”“很开心！”“很安心！”这样积累起良好的感情，彼此就会形成信赖。因为有了信赖，可以一起生气、一起烦恼，可以说严厉的话，这就建立了真正的亲密关系。

特别是对身边的人，要有意识地去关注这些细节，这很重要。

虽然这些事情看起来很普通，你会说，这不是理所当然的事吗？事实上，越是重要的人，我们往往越心安理得，不常来往，反而会对不亲近、不重要的人笑脸相迎。这种情况很常见。

回望自己走过的路，要接受真实的自己，肯定自己。这样别人也会愿意伸出援手帮你。

只要珍惜对方，你也会被对方珍惜。这关系到自己的生存。

第三个要点是，珍惜“为别人做出贡献的自己”。

人，不仅仅是为了自己，为了别人有时更可以发挥出本领。

如果仅仅是自己一个人的事情，可能不会那么努力，会想着“算了吧”，就放弃了。但如果“做这件事能为那个人带来欢乐”“我希望像那个人一样”，想要为别人做某事会成为一种力量，自己做事就会有很大的动力。

有人支持你，有人为你高兴，内心会变得踏实。

给家人做饭的时候，给朋友或恋人挑选礼物的时候，安排职场聚餐的时候，客人因你而高兴的时候，帮助有困难的人的时候……不管是什么事，当你能帮助到别人，成了谁的力量，你也会因此收获快乐，感到骄傲。

为了创造奇迹，做自己想做的事。不仅是为了自己，也是为了别人而做。如果能为别人的幸福做出一点贡献，世界也会站在你这边，你自己的生活也会充满幸福！

第 7 章

成为想成为的自己

01

现在的你是“曾经想成为的自己”

人总是习惯选择做自己最擅长的事。

而不会选择做自己讨厌的事。

有时在迷茫期，我们做出选择，后来也曾懊悔。但既然做出选择，就已经成事实，没办法改变，就意味着“只能这样”，别无选择！

现在你是什么样，面对什么样的现实，这里面肯定有原因。

到现在为止，我们所做的一切，是出于我们的无意识。以“自己就是这样的人”，所谓的“自我形象”为基础的。

现在的你，也可以说是“曾经想成为的自己”吧。

即使你想说“不，不是的”。但既然做出选择，内心深处曾经还是想变成这样。

我曾经作为公司职员工作的时候，想象未来自己的样子是：

“做着还不错的工作，会玩，凑合着存点钱，最后过着还不算差的晚年……”

在那之前我有过很多次跳槽经验，深信人的一生不会有太多完美，所以不求太多，满足于当下的生活，随意拾掇那些幸福的小碎片。

但是，在我内心深处，总觉得哪里不对，内心无法接受当时的自己。

“喂，你的人生，真的准备这样草草了事吗？”

内心总有这样轻声的拷问。

就在这时，我突然失业了，之前描绘的人生规划也瞬间崩塌了。

突然间，我想到自己可以“一边旅行，一边采访和写作活下去”。从那天起，我的生活发生了彻底的改变。

首先，看书的种类、关注的报纸栏目都发生了变化。

平时穿的服装、说话的语气和内容也都发生了变化。

想见的人变了，想去的地方也变了。

关注的地方、所做的事情也和此前完全不同。

说不定，脸上的表情也变了。

当你的“自我印象”变成“自己就是这样的人”，你所做的行为、你所产生的能量都完全改变了。

无论谁，总会带着“自己就是这样的人”的“自我印象”生活。按照这个“自我印象”行动。这往往是无意识的。

小时候，如果听别人说“你是个好孩子！”就会不知不觉表现得像个好孩子。

在公司里，如果人们总是说“某某先生是个认真工作的人”，这个人做事真的会像那样的人。相反，经常迟到的人，因为把自己看作是“不守时的人”，今后还会迟到。

诸如此类，无论好坏，人们总习惯以“自我形象”为基础，而选择行为。

究其原因，是我们习惯于生活在一个有安全感的世界。在自己设想的世界里生活，是非常轻松的。一旦做出对自己来说“不可能”的选择，总觉得心里不舒服。

不过，请你好好思考看看！

“我就是这样的人”这种印象只不过是你想当然地给自己贴的标签而已。

“想成为怎样的自己”是没有限制的。你可以自由地改变。

所谓“活出自我”，需要坦诚面对自己内心，而不是盲目地选择想去的方向。

我问某位年轻的男性编辑：

“你为什么选择这份工作？”

“学生时代我非常讨厌读书。但我不想维持原状。我想，如果做自己非常讨厌的事，就会打破自己的壳，成为一个更强大的人。”

虽然这是一个非常艰难的选择，但现在的他作为一个能干的编辑在出版领域活跃着。

“你现在还是不喜欢读书吗？”

“哪里哪里，我每个月都要读几十本呢，没办法，实在是太享受了！”

如果你“讨厌再这样继续下去了”“更想过这样的生活”，请想象一下“做自己想做事”时你享受的样子。

然后，从想象的自我印象出发去选择行动。

5年、10年之后，你会发现，自己拥有完全不同的人生。

02

做一个能立刻做出选择的人

今后你要成为“想成为的自己”，成为可以自己做出选择的人。成为“想成为的自己”，并不需要很大的能量，也不需要很大的能力。

把重要的事放在首位，马上付诸行动就好了。

也许，你有“没有自信能做?”诸如此类的疑问。

但是，有没有自信做，本来就是没有根据的。

如果在做之前，先考虑自己“有自信”还是“没有自信”做这件事，在这个问题上犹犹豫豫，很多时候最后什么行动也没有。

所以，在过度考虑之前，先行动起来吧!

针对一件事，有“做”和“不做”两种选择，做哪种选择都是自由的。

因为眼前的事情很小，肯定都是可以做到的。

既然能做到的话，那还是选择做比较好吧！

那样的话会让你感觉更好。

据说日本已故作家宇野千代，在写完长篇小说《阿藩》之后，突然停笔了，一行都写不出来了。

“我写不出来了，已经到了灵感枯竭的年龄了。”

到了60岁，就会有这样的想法。以后的十七八年里，什么也写不出来了。

但是，有一次，中村天风老师对她这样说道：

“人会按照给自己的暗示去行事。认为自己做不到，就会真的做不到。坚信自己能做到，不管什么事就真的都能做到。”

“真的吗？”我试着写两三行。“哎呀，真的能写出来！”

“也许，我能写吧？”

一旦这么想的时候，那些长时间没有写出来的内容，就会像泉涌一般，自然而然地表达出来。

其实宇野千代晚年的作品，更充满生命力，获得了很多文学奖。

自信这种东西，可能是在偶然的时候涌现出来的。

“我什么都干不了”“我没有毅力”“我没法坚持”“我年纪大了，做不到”……这样说说，可能会很轻松。

这样做自己也安心，没行动也谈不上对自己失望。

但如果你真的能做到，却没有采取行动，那岂不是太遗憾了。试一试，看自己能走多远，尝试一下不是更好玩吗?

就算失败，就算做错。也不给自己的人生留遗憾，这样活着会更有意义。

跟宇野千代一样，我也有写不出来的时候。

无论做什么工作，只要在做事，总会碰上“像墙一样阻碍你的”这样那样的困难吧!

实际上，没有什么“墙”，但就会突然感觉自己“不行”“写不出来”!

即便这样，也要像往常一样，在同一个时间对着电脑。就算觉得写出来的东西无用，也要继续写。

然后就像在向上天祈祷一样做祷告。

“我乖乖地把该做的事都做了。没有偷懒。请快点让好的文章降临吧!”

因为我知道，如果一直不停地做，“那一刻”一定会到来。

我喜欢宇野千代这句话：

人是会行动的动物。

活着就是要行动。

只要我们活着的每一天，身体就必须要行动起来。内心也必须要行动起来。

——《幸福法则一日一语》(海龙社)

既然要动起来，就朝着你想去的方向行动吧！

03

“优先顺序”会随着年龄增长而改变

有人有时会感叹，“没有榜样”。

在公司“希望像这样的人一样工作”，在生活中“想过这样的生活”，似乎所有人都会这样想。想要找个榜样，但找不到学习的对象。

的确是这样。在过去的时代，“这样才是男人（女人）的幸福”“这样生活才安心”，凡事都可以找到基准。随着时代的变化，人们的生活方式变得多样化，可能没有人走在我们前面。

我认为，这是值得高兴的事。

因为按照这个世界“应该怎样”生活下去的规则，并不是每个人都能“活出自我”。

如果只考虑不受伤害地活着，按照规则生活，那就失去了真正的快乐。

那么，以什么为依托活着才好呢？

那就是自己的“内心”。

把自己的感受和想法，作为生活的重要依托，应该这样生活。

幸福的生活方式，是没有规则的。

住在世界上任何地方都可以，做任何工作都可以，结不结婚都可以，怎样享受时光都可以，拥有多少钱、怎样使用都是自由的……

但是，为了生存，需要了解社会规则，一定程度上达成妥协。

既然活着，就要开展经济活动，就有必要和周围的人建立联系。

重要的是，每个人心中要有“想要成为这样”的“哲学”。

不是别人给我们的东西，而是自己创造的东西。

即使没有人100%能当作你的榜样，至少应该有人“身上某种特质”是值得你学习的。

历史证明的一些真理，想要珍惜的文化，想要养成的习惯……参考这些，去见识、去听取各种各样的东西，最后编写成属于自己的人生教科书。

对你来说什么是“优先的东西”，不是由别人决定，而是由你自己决定。虽然每个人都不一样，但大致可以分为以下四种：

“生存（经济活动）”

“爱（爱的生活）”

“学习和享受（自我实现）”

“付出（社会贡献）”

人一生中，这些事的优先顺序总会发生变化。

因为自己所拥有的东西、所处的生存环境，是一直在变化的。

20多岁的时候，为了生存，拼命努力着。随着岁月流逝，可能会变成以家庭、育儿、培养爱的生活为中心。随着年龄的增长，很多人会“想为别人做点什么”，开始做一些对社会有贡献的活动。

有人认为所有这几项、所有阶段都很重要，有人认为某一项、某一阶段对自己来说更重要。不论怎样，这都是个人的自由选择。

你所“珍惜的东西”，只要是顺从自己的内心，能坦率地接受就好了。

但也可以说，这些都是相通的。

如果把经济活动放在生活中心，会牺牲其他东西。从长远来看，适度的休闲娱乐，会对工作有很好的影响。

生活中如果拥有爱的滋养，工作会更加努力吧。

也有人通过做自己想做的工作，实现了两全其美。

总之，根据自己所处的阶段，灵活地选择对于自己来说重要的东西，排列出优先顺序，一个一个地去实行就可以了。

要做能为你的人生增彩的事，让你开心的事！

04

“优先顺序”会改变，灵活选择

那是一个阳光明媚的春日傍晚。

空气清新，不热也不冷。我确信，像这样的黄昏一年也不会有几次。我冲向户外，去了附近的公园。

即使我手头还有很多工作要做，有一定要回复的邮件，但这些总归都是可以解决的。

“没有比享受当下这个黄昏更优先要做的事了吧！”

我一直这样觉得。

我在公园时而悠然散步，时而坐在公园长椅上，欣赏着夕阳从红色逐渐变成蓝色，夕阳西下，蓬松的蒲公英从眼前随风飘过。

那个时候，我被一种说不出的幸福感包围着。不禁感叹道：“啊！生活真美好！”

就这样，我享受了一个充满感恩之心的黄昏。

不知道自己为什么会有这样的心情。

但是，我当时清楚地认为：“现在，我在这里，优先做了这件事，真是太好了！”

每天都过着忙碌的生活，像这种“什么事都不用做，也能感到幸福”的机会，可能不知不觉逐渐消失了。

如果被问到要优先做什么？工作上的事、家里的事、自己感兴趣的事，等等，这些都要以“解决”和“达成”为结果。

有时我觉得，“无论结果怎样”，都是可以接受的。

因为内心一直在追求什么，才会优先做什么。

确定“优先顺序”，不是靠头脑去思考，而是靠内心在感受。

我喜欢根据自己的心情，做出突然的选择。就像“现在想读书”“现在想去泡温泉”“现在想做饭”“现在想和你说话”这样的行为。

趁着热情还在，趁热情还没减退，这个时候去做，最容易顺利行动，收获的喜悦也更大。

为了立刻去做想做的事，生活不要做过多的预设，放轻松为好。如果生活已经被预定的事项填满，光是完成这些就已经让你竭尽全力，根本没有从容的心态去想其他了。因为行动也是有“新鲜度”的。

还有一个不会弄错优先事项的要点就是，考虑“到底哪件事带来的喜悦最大”。

比如，“现在想看电视剧”，但考试又迫在眉睫的话，比起“看电视带来的喜悦”，“顺利通过考试带来的喜悦”是不是更大呢？

所以，首先要学习。

如果你觉得“现在工作忙”，但体检诊断建议“再次复查”的话。比起“现在能工作的喜悦”，“今后能一直健康工作的喜悦”是不是更大？

所以，首先要去医院做检查。

我的一位朋友是高中教师，她一直把工作放在首位。

据说她儿子生病住院后，她才第一次请了一周的假。

“即使孩子很小的时候，也从来没有休息过。我深信，绝对不能休息。没想到，船到桥头自然直。现在能陪着儿子，真是太好了！”

对她来说，做了比“工作第一”这样的“立场”更重要的事，选择了珍惜自己“人生”中更重要的东西。

优先顺序是会随着当时的境遇发生变化的。

记得要灵活选择对你而言能带来“最大喜悦”的那个选项。

05

人生的满意度，取决于是否有“应该优先做的重要事情”

我曾经对未来没有什么想象，会因为不知道“今后会变成什么样子”而感到不安。即使含糊地有想做的事，也会觉得“现在这样，不也挺好”，甘愿待在温室的环境中，一步也不愿踏出去。

为了生活，靠廉价出售自己的时间打工。那时候我总是看着时钟叹息，“离解放还有3个小时”，祈祷着“希望时间能早点过去”。

每一天都是稀里糊涂就过去了，等回过神来已经星期五。周末让身体休息一下，然后星期一就马上又来了。每天都转眼就过完了，有时会想“今年一年，到底都做了些什么呢？”

经过这样那样的努力，我终于明白，人生的价值是无法用时间来衡量的。

做了什么，感受到了什么，与人生的满足息息相关。

每一次、每一瞬间的喜悦，都与人生的幸福息息相关。

为此，自己心中要有“优先做的重要事”。

以“重要的事”为目标，其他事作为手段，这样行动才有意义。即使是廉价出售时间的工作，也是为了“做重要的事”。感觉实在难，试着享受着做完。

即使遇到痛苦和压力，也能想着“哈哈，这是一道考题啊！”就不会逃避，能够投入去做。

这样一想，同样的工作、同样的境遇、同样的事，做起来也会觉得有趣。

最后，我想说，“把想法变成现实”，在实现它的过程中所获得的“喜悦”，比实现之后所获得的“喜悦”更多。

我想让你明白这个道理。

幸福不是“成为什么”。

而是从每天的生活中“感受到什么”。

珍惜自己的人生，明确属于自己的“优先顺序”。

你可以放弃“不那么重要的事”，把眼前“重要的事”放在首位去行动。

重要的事，如果拖延的话，就太可惜了。如果现在不做你该做的事，“喜悦就会减少”。这是我无意间明白的一个道理。

不要在“重要的事”上偷懒。偷懒的话，就太可惜了，因为“乐趣和喜悦会减少”。这也是无意间明白的。

在立刻行动、精心去做、下功夫做、有趣地做的过程中，你能感受到更多幸福的瞬间。

人生中，尽情享受那些偶然发生的事件、计划外的事吧！

正因为将来未知，人生的道路才会有趣而快乐。

不管是什么样的人生，都能带给现在的自己一些收获。

要么是出生的环境，要么是接受的教育，要么是容貌和身体状态。每个人的经验都各自不同。

这和“受了恩惠”还是“不受恩惠”都没有关系。

以自己的这些“资产”为基础，向重要的事迈出一步，希望你的人生处处充满喜悦，希望你的想法，能一个接一个地变成现实。

你应该有能做的事。

不，有些事只有你才能做。

而且，你有能力实现你的想法。

现在的你，内心已经准备好开始行动了吧！

人生的主人公是你。从这里开始，新的舞台拉开了帷幕。

请在只为你点亮的聚光灯的照耀下，尽情舒展。

确立事情的优先顺序。

优先做最重要的事。

立刻行动！